本书获国家自然科学基金"鄂西山区旅游地农户生计脆弱性引致返贫的风险评估及预警机制研究"（项目号：42001172）、山西省"1331工程"工商管理一流学科建设项目的资助和支持

山区旅游地
社会—生态系统恢复力研究

贾垚焱◎著

中国财经出版传媒集团
中国财政经济出版社

图书在版编目（CIP）数据

山区旅游地社会—生态系统恢复力研究／贾垚焱著
. —北京：中国财政经济出版社，2022.12
ISBN 978 - 7 - 5223 - 1758 - 8

Ⅰ. ①山…　Ⅱ. ①贾…　Ⅲ. ①山区－生态环境建设－
研究－恩施土家族苗族自治州　Ⅳ. ①X321.263.2

中国版本图书馆 CIP 数据核字（2022）第 211842 号

责任编辑：张晓丽　　　　　责任印制：刘春年
封面设计：孙俪铭　　　　　责任校对：张　凡

山区旅游地社会—生态系统恢复力研究
SHANQU LVYOUDI SHEHUI—SHENGTAI XITONG HUIFULI YANJIU

中国财政经济出版社 出版

URL：http：//www.cfeph.cn
E - mail：cfeph@ cfeph.cn
（版权所有　翻印必究）

社址：北京市海淀区阜成路甲 28 号　邮政编码：100142
营销中心电话：010 - 88191522
天猫网店：中国财政经济出版社旗舰店
网址：https：//zgczjjcbs.tmall.com
北京财经印刷厂印刷　各地新华书店经销
成品尺寸：170mm×240mm　16 开　15.5 印张　249 000 字
2022 年 12 月第 1 版　2022 年 12 月北京第 1 次印刷
定价：60.00 元
ISBN 978 - 7 - 5223 - 1758 - 8
（图书出现印装问题，本社负责调换，电话：010 - 88190548）
本社质量投诉电话：010 - 88190744
打击盗版举报热线：010 - 88191661　QQ：2242791300

序

欣闻贾垚焱即将出版她的第一本旅游研究专著，她热情邀我为她的新书作序，作为她的导师很是高兴，写下这段文字，以为序。

贾垚焱聪慧、善良，有理想，热爱学习，善于思考，对旅游研究充满热情让我印象深刻。2014年她考入华中师范大学人文地理学专业攻读硕士研究生，2017年因成绩优异获得直接攻读博士学位资格，2021年如期毕业。研究生学习期间，她阅读了大量文献，多次开展实地调研，对一些问题有独立且深入地思考，体现出严谨的科学精神和踏实肯干的工作作风，表现出强烈的社会责任感和创新思维能力。

这本专著是以她博士论文《山区民族旅游地社会—生态系统恢复力研究——以恩施州为例》为基础而成书出版的。该研究选题聚焦山区民族旅游地这一特殊地理单元，尝试从多尺度视角，对区域恢复力水平进行立体化呈现，契合国家发展之需要，案例地选取也极具典型性和代表性；核心内容揭示了少数民族集聚的山区旅游地社会—生态系统的演化过程及其恢复力特征，探讨了鄂西山区在县域、社区及农户等不同尺度下的恢复力表现及影响机理，在对比评估结果的基础上，提出了管理对策。

本书内容丰富，数据翔实，案例讨论镶嵌于理论表述之间；社会经济统计数据、实地调研数据与地图矢量数据等多源数据的收集与处理，以及集对分析法、综合指数法、地理探测器、障碍度模型等多种方法的运用，为科学测定研究区恢复力状态提供了有效的手段；提出的管理对策具有针对性，为决策层制定政策提供了重要参考。本书逻辑思路清晰，表述流畅，加之作者数次前往案例地展开调研，收集到的一手资料，增加了专著的可读性，更易于与读者产生共鸣。

在我一贯的认知中，"把文章写在大地上"应当是当代学者们的责任。贾垚焱博士在跟随我学习的7年间，也很好地做到了"踏进大山里，走入农户家"。基于扎实的田野调查，能够更快的发现现实中的问题，找到研究的乐趣与意义所在。

农业农村农民问题是关系到国计民生的根本性问题，培育具有韧性的乡村旅游目的地能够有力契合和服务于国家发展战略，希望本书的出版能够吸引更多的读者关注到这一领域！对贾垚焱博士而言，这是一个好的开始，相信她，心中有梦，眼里有光，未来的路会走得更远。

胡　静
2022 年秋于武昌桂子山

前　言

　　全球贫困山区与旅游资源具有高度的空间叠置性，在旅游资源富集的贫困山区发展乡村旅游，已成为实现乡村振兴目标的有效途径之一。山地地区地形变化复杂，生态环境敏感；社会经济基础薄弱，资源配置差异明显，因此旅游活动对区域可持续发展的影响更为显著。恢复力是保持社会—生态系统可持续性的关键，山区旅游地作为重要的社会—生态系统类型，有必要从恢复力视角探究其可持续发展的科学实现。

　　本书以人地关系理论为指导，将社会—生态系统理论与恢复力分析框架应用于生态环境脆弱、经济发展较为落后、少数民族世代聚居的山区旅游地典型区域恩施州，并依循"分析框架建构—演变特征及扰动辨识—恢复力测度与影响机理揭示—适应对策论证"的逻辑主线，对县域、社区、农户不同尺度下案例地恢复力水平进行分析，在对比评估结果的基础上，提出具有针对性的适应性管理对策。

　　本书主要包括两个部分的内容。

　　第一部分（第1章和第2章）：介绍本书的背景与意义、案例地选择、研究内容与方法等研究方案的设置、统计数据与调研数据的获取与处理；对国内外相关研究成果进行梳理，并就可进一步完善之处进行归纳总结。

　　第二部分（第3章至第8章）是本书的主体部分，主要内容如下：

　　第3章：明晰旅游地社会—生态系统的概念内涵，提出旅游活动是系统的主要驱动力，旅游目的地是系统的空间范围，强调区别于一般社会—生态系统在驱动力、脆弱性、开放性、复杂性等方面的特征，也强调时间与空间尺度对研究开展的重要性。从提出背景、阈值、生态恢复力、空间层级与尺度界定4个方面，本部分对恢复力概念进行深入诠释，强调本书对恢复力更关注于系统返回至原始状态的能力，也强调不同尺度下其恢复力对象不同，县域、社区为地域/地方社会—生态系统，农户用以探讨处于特定区域社会—生态系统内的特定人群的恢复力。

第4章：以新中国成立、改革开放与21世纪为时间分割点，对恩施州区域社会—生态系统的演化过程及其特征进行梳理，归纳总结得出州域社会—生态系统先后经历了从传统农业经济到茶/烟特色经济、旅游经济的发展历程，21世纪后，旅游活动成为州域关键的扰动因素。

第5章：从脆弱性与应对能力两个维度，构建包含社会、经济、生态三个子系统的县域尺度恩施州旅游地社会—生态系统恢复力评价指标体系，对不同时期旅游地社会—生态系统恢复力进行测量，探讨各子系统及各要素对恢复力的作用机理。

第6章：选取州域具有代表性的8个旅游社区，从社会、经济、生态、制度与感知五个维度，构建社区恢复力评价框架，定量表征、对比分析旅游社区恢复力水平，提炼关键影响因素并揭示其综合作用机理。

第7章：从缓冲能力、自组织能力与学习能力3个方面，基于入户问卷调查数据，对农户生计恢复力水平进行测度，并提炼、总结影响农户生计恢复力的障碍因素，找到提升农户生计恢复力的突破口。

第8章：围绕回答"不同尺度下恢复力评估结果是否具有统一性与延续性""三种尺度间恢复力表现是否存在关联"等问题，对比不同尺度恢复力测度结果。基于对比结果，总结出影响区域恢复力的共性规律和不同尺度层面的焦点问题，提出多尺度下山区民族旅游地社会—生态系统适应性管理对策。

本书在研究和出版过程中获得国家自然科学基金"鄂西山区旅游地农户生计脆弱性引致返贫的风险评估及预警机制研究"（项目号：42001172）、山西省"1331工程"工商管理一流学科建设项目的资助和支持，在此表示感谢！

本书出版的目的更多在于抛砖引玉，旅游地社会—生态系统处于不断的动态变化之中，也必然会涌现出更多值得探究的问题，期待更多不同领域的学者和业界同仁能够加强对山区民族聚居区的关注和研究。由于作者学科背景和学术能力的局限，本书难免存在不妥和纰漏，敬请各位读者不吝指正。

目　录

第1章

绪　论

1.1 研究背景

1.1.1 多民族集聚的山区是全面小康社会建成后的重点减贫区域

反贫困一直是全人类共同面临的重要议题（World Bank，2001）。改革开放至今，我国扶贫开发经历了体制改革促进扶贫、开放式扶贫、八七扶贫攻坚、整村推进和精准扶贫等阶段（杨宜勇等，2016；刘彦随等，2017），并取得了显著的扶贫成就。党的十八届五中全会明确提出，"到2020年要实现现行扶贫标准下贫困人口全部脱贫，贫困县全部摘帽的目标，解决区域性整体贫困"，2019年中央一号文件再次提出，"聚力精准施策，决战决胜脱贫攻坚；主攻深度贫困地区，减少和防止贫困人口减贫；着力解决突出问题，注重发展长效减贫产业"。在中国共产党成立100年的重要时刻，我国脱贫攻坚战取得了全面胜利，区域性整体贫困得到解决。需要指出的是，2020年消除的仅是绝对贫困，区域与城乡收入差异、社会公共服务获取不平等、多维贫困为主要特征的相对贫困问题依然会长期存在（周扬等，2018），消除相对贫困、杜绝返贫将成为我国全面建成小康社会后扶贫目标的重大转变。我国山地面积占陆域面积的70%（邓伟等，2013），地形上隆起的山区，反而是生态上的脆弱区与社会经济发展的低谷区。民族集聚的山区，尤其是集中连片的贫困地区自然条件差、经济基础薄弱、贫困程度深、致贫原因复杂、返贫及贫困代际传递风险较大，是2020年全面建成小康社会后的重点减贫区域。因此，有必要深入探究新时代背景下山区民族地区发展的有效路径，为区域可持续发展提供决策参考。

1.1.2 旅游业是山区民族地区实现可持续发展的重要路径

伴随着国民休闲需求的发展，山地已经成为居民休闲度假的主要目的地之一。因此在旅游资源富集的山区民族地区发展乡村旅游，已成为全面建成小康社会与实施乡村振兴战略的有效途径之一。相较于其他产业，乡村旅游以其强大的市场优势、新兴的产业活力、强劲的造血功能和巨大的带动作用，为区域旅游发展带来了经济增长、基础设施改善等效益。2009 年国家旅游局数据显示，旅游业对全国经济贡献率逾 10%；2016 年国家旅游局发布的《全国乡村旅游扶贫观测报告》中指出，乡村旅游的开展使乡村经济、社会、生态效益得到整体提升，观测数据显示乡村旅游已成为农村经济发展、农民就业增收、助力乡村振兴的中坚力量①。显而易见，旅游业为目的地发展带来了积极的影响。但在此过程中，掠夺性旅游开发模式以及外界旅游介质进入使旅游发展与当地资源、生态环境矛盾日益加剧，区域资源配置、农户生计选择以及社会文化均受到了深层次外部干扰，贫困山区人地关系又一次面临新的问题。因此，如何促使旅游活动与生态环境间的协调发展，如何有效处理旅游地社会—生态系统各要素间复杂关系，如何增强旅游目的地面对外部干扰的恢复能力，对旅游地可持续发展具有深远意义。

1.1.3 社会—生态系统与恢复力理论为人地关系研究提供了新视角

进入 21 世纪以来，随着全球环境变化、社会经济发展以及城市化进程的加快，不合理的资源利用方式以及人为活动对系统的干扰，使人地关系矛盾成为制约人类可持续发展的核心问题。社会—生态系统（Social - Ecological System，SES）是指社会子系统（人）与生态子系统（自然）相互作用的复杂系统，并受到内外部因素的干扰和驱动（Gilberto C，2006）。社会—生态系统将可持续性研究的重点聚焦于"人—地"系统的相互作用关系，社会—生态系统理论的提出及其分析框架，为科学实现可持续提供了有效途径。2002 年在瑞典召开的"可持续发展世界峰会（World Summit on Sustainable Development）"明确提出构建恢复力是全人类共同的责任，并建议将恢复力的观点作为补充内容加入《二十一世纪议程》中。恢复力是指一个系统遭受意外干扰并经历变化后依旧保持其原有功能、结构及反馈的能力。自 1973 年 Holling 将恢复力的思想引入生态学领域后，恢复力研究逐渐由自然科学领域推广、应用至社会科学领域，其概念内涵也由以环境为中心、单纯针对自

---

① 《全国乡村旅游扶贫观测报告》指出：111 个贫困村观测点统计数据显示，乡村旅游从业人员在总贫困人口中的占比为 75.1%，旅游收入在农民人均年收入中的占比为 39.4%，旅游带动的脱贫人口占脱贫总人数的 30.5%。

然系统的固有恢复力逐步转向以人为中心、注重人对恢复力形成及降低中的作用。旅游业可持续发展是全球可持续发展的重要内容，山区旅游发展的实质是对所依托地域社会—生态系统的一种干扰，并对地域系统的生态环境、社会经济和文化习俗产生影响，并逐步替代原有的传统社会—生态系统（农业系统、森林系统等），形成旅游主导下的社会—生态系统。总而言之，社会—生态系统与恢复力理论，将为旅游地人地关系研究提供新的研究视角。

1.1.4 旅游地社会—生态系统恢复力评估需要多尺度、立体化呈现

区域社会—生态系统恢复力评估是解析恢复力要素关系、量化恢复力程度、识别不同空间单元与社会群体恢复力差异的重要途径，是实现韧性精准培育的重要依据。旅游地社会—生态系统相较于一般的社会—生态系统，更具复杂性、开放性、脆弱性。社会—生态系统恢复力的评估，与所处地域单元密切相关，具有强烈的尺度层级差异，不同尺度下具有不同的表现：如宏观尺度下，区域社会经济整体运行对区域系统恢复力具有显著影响，而在区域内部，中小尺度的旅游社区其恢复力表现则优劣兼具；又如，宏观尺度下影响区域恢复力提升的关键因素对中小尺度韧性形成可能起着关键作用，又或影响较小。国内外学者们对旅游地相继开展了一定的恢复力评估研究，形成了具有一定共识性的评价框架，为恢复力测量提供了有力的工具。因此，有必要借助较为成熟的分析框架，结合研究区域实际，在明晰恢复力对象的基础上，对区域进行多尺度的恢复力评估，实现全方位、立体化把握区域恢复力态势，识别不同尺度下恢复力提升的突破口，为分层级的旅游地社会—生态系统韧性培育提供有效的切入点，提出多尺度旅游地社会—生态系统适应性管理对策。

1.1.5 恩施地区旅游发展面临多重脆弱性挑战

恩施土家族苗族自治州（以下简称"恩施州"）是一个集"少"（少数民族）、"边"（边远地区）、"穷"（社会经济发展落后）、"富"（旅游资源

丰富）于一体的山区民族地区。随着社会经济发展与交通条件的改善、乡村振兴与精准扶贫等国家战略的提出，恩施地区旅游业发展逐步迈入快车道，并成为州域内最为重要的扰动因子。作为旅游活动干扰下人地耦合的复杂系统，在不同利益主体活动的相互作用下，恩施地区发展面临新型脆弱性挑战。从州域生态环境来看，恩施州地处武陵山区腹地，山地地形变化复杂，物质与能量交换影响多样，造成其独特的自然生态环境（杜腾飞等，2020），受此影响，恩施州洪涝、泥石流、山体滑坡等自然灾害频发，使区域社会经济发展的不稳定因素加大，这对恩施州应对自然灾害能力与风险预警机制的高效性，提出挑战；从旅游业自身来看，旅游业相较于其他产业具有高敏感性特点，易受外部环境和突发事件的影响（梁增贤等，2011），且旅游业淡旺季变化明显，旺季客流量陡增与淡季流失可能会导致生态环境恶化、区域承载力紧张、资源与服务结构性浪费、游客与居民矛盾激化等问题（周成等，2015），这对旅游产业结构优化、旅游产品多元化等州域季节性调控措施，提出挑战；从宏观尺度——州域的社会、经济发展来看，地形影响下的交通成为州域发展的瓶颈，此外大量旅游者入州在带来经济增长的同时，也对区域社会文化产生冲击，对州域旅游规划与宏观把控、产业培育与资金扶持、资源开发利用与环境保护、交通条件与外部连通等提出挑战；从中、微观尺度——社区与农户来看，乡村景观保护与开发、生计方式多样化选择、民族文化传承与发扬、旅游发展模式选择、社区参与与利益共享等，对乡村旅游可持续发展提出新的挑战。

1.2 研究意义

1.2.1 理论意义

（1）为认识山区旅游地人地关系提供新视角

"人地关系"是地理学的核心研究命题，山区旅游地人地作用关系复杂，将社会—生态系统理论与恢复力思维应用于多民族集聚的山区旅游地，能够为特殊地理单元旅游地人地关系研究提供一种新的视角，有利于更加深刻理解处于复杂变化中的人地耦合系统。

（2）为解构山区旅游地社会—生态系统恢复力提供新思路

本书遵循"分析框架建构—恢复力水平评价—影响因素与机理阐释—恢复力提升路径"的研究框架，在区域社会—生态系统演化特征判研、扰动因子识别的基础上，充分考虑社会—生态系统的多尺度性属性，定量化测度、对比不同空间尺度下区域社会—生态系统恢复力水平，识别不同尺度下影响恢复力的关键因素，靶向式提出恢复力提升路径与对策，加深对山区旅游地社会—生态系统恢复力概念内涵的理解与分析。

（3）为山区民族集聚区旅游可持续发展提供科学依据

山区民族集聚地区，从生态本底、区位条件、人口结构、发展基底等多方面来看，相较于传统旅游目的地来看更具复杂性与脆弱性。特别是在当前人口流动加快、传统文化更替加速、城市化进程突飞猛进的新时期下，探讨这一特殊区域如何更有效应对外部扰动与风险因素，实现区域旅游业可持续发展，具有重要意义。

（4）丰富我国旅游地社会—生态系统恢复力研究内容

本书以鄂西南恩施土家族苗族自治州为案例地，从理论上探讨山区旅游地社会—生态系统恢复力的概念内涵，并从县域、社区与农户3个尺度对案例地社会—生态系统恢复力进行定量化测度，揭示恢复力影响因素及其作用机理。同时本书综合运用集对分析法、综合指数法、地理探测器、障碍度模型等方法，一定程度上充实了旅游地社会—生态系统恢复力的研究内容与方法。

1.2.2 实践意义

（1）为缓解恩施州旅游发展过程中的矛盾提出合理可行的对策

科学认识山区旅游地社会—生态系统恢复力的现状和问题，为"后精准扶贫时期"消除相对贫困、杜绝返贫及乡村振兴、旅游地可持续发展提供理论与技术支持。对恩施州这一典型连片山区旅游地社会—生态系统的演化过程、恢复力测度及驱动机制分析，判定其系统运行轨迹和可持续发展状况，提出合理可行的适应性管理策略，可以有效解决和缓解旅游地社会—生态系统中的矛盾，促进旅游地可持续发展。

（2）为其他同类型旅游地社会—生态系统恢复力研究提供参考

通过对山区民族集聚区这一特殊地理单元社会—生态系统恢复力的实证

研究，探究不同尺度下恢复力变化及其相互影响关系，以客观揭示系统演化态势，进而提供典型单元恢复力相关研究的尝试，为其他同类型或相似类型旅游地社会—生态系统恢复力研究与区域恢复力提升提供参考与借鉴。

1.3 研究方案

1.3.1 案例地选择

本书选择恩施土家族苗族自治州为案例研究区域，选择缘由主要基于以下两方面考虑：

一方面，恩施州地形起伏变化明显、旅游资源富集、民族风韵浓厚，是山区旅游地的典型与代表。恩施州位于湖北省西南部、武陵山区北部，少数民族人口占比高，共有土、苗、侗、白等28个少数民族共同居住于此①，呈现出典型的大杂居小聚居的分布特点。区域内河流、峡谷、溶洞、峰林等自然景观观赏度极高，以土苗文化为代表的民族文化在数百年的传承与融合中逐渐形成独具特色的地域文化。进入21世纪以来，随着城市化与工业化进程的加快，恩施州景观格局、产业结构、民族文化等发生了较为剧烈的变化，在区域发展道路的探索中，以旅游业为代表的第三产业为主导的产业结构模式逐渐形成。

另一方面，具有一定的前期研究基础，有利于开展学术研究。恩施州作为山区旅游地的代表，一直以来受到社会学、民族学、旅游学、地理学等不同学科背景的学者们的关注，相关研究成果（著作、论文、报告等）与资料较为丰富。同时，笔者参与国家自科基金《鄂西山区旅游地农户生计脆弱性引致返贫的风险评估及预警机制研究》与地方政府委托项目《鄂西生态文化旅游圈竞争力研究》的相关研究工作，收集并整理了恩施地区地方州志、统计年鉴与统计公报等相关资料与数据，并多次前往案例地进行实地调查与访谈，对该地区比较熟悉，具有一定的前期研究基础。

---

① 恩施州人民政府官方网站，http://www.enshi.gov.cn/zq/esgk/202007/t20200714_566816.shtml。

1.3.2 研究目标

（1）总体目标

本书从理论上探讨山区旅游地社会—生态系统恢复力的概念内涵与分析框架，以典型代表区域鄂西山区——恩施州为案例地，剖析这一特殊地理单元县域、社区与农户3种尺度下社会—生态系统的恢复力水平、影响因素及其作用机理，为提升山区旅游地社会—生态系统恢复力提供理论依据，并提出具有针对性的适应性管理对策。

（2）具体目标

本书研究内容的具体目标有：

①科学诠释山区旅游地社会—生态系统恢复力的概念与内涵特征，明晰不同空间尺度下，恢复力所指向的目标对象与适应主体及其之间的异同；

②系统梳理恩施州社会—生态系统演化过程，识别不同发展阶段研究区域社会—生态系统的特征，揭示鄂西山区旅游地社会—生态系统演化的关键驱动因素；

③深度分析宏观、中观与微观3种不同尺度下鄂西山区旅游地社会—生态系统恢复力水平差异与演化特征，识别影响其恢复力水平发展的风险因子与障碍因素；

④全面总结鄂西山区旅游地存在的脆弱性风险，把握不同空间尺度下社会—生态系统恢复力提升的重点调控方向，有针对性地提出适应性管理对策。

1.3.3 研究内容

本书围绕"山区旅游地社会—生态系统恢复力"这一研究主题，选取恩施州为案例地，依据"分析框架构建—扰动因素识别—恢复力测度分析—风险因子判研—适应对策论证"的研究主线，本书的研究内容主要包括如下几个部分：

（1）山区旅游地社会—生态系统恢复力分析框架建构

全面梳理、总结国内外相关研究，归纳社会—生态系统恢复力相关概念、理论模型、评价测度与方法，结合研究区地形地貌、民族集聚与旅游发展的独特特征，探讨山区旅游地社会—生态系统恢复力的概念内涵与特征；从宏观、中观、微观3大空间尺度出发，对不同尺度下恢复力指向目标与适应主体进行辨析，并搭建出相应的分析框架与评估方法（相关内容可见第3、5、7章）。

（2）鄂西山区旅游地社会—生态系统演化过程及扰动因素分析

审视研究区域社会—生态系统的演化过程，把握不同阶段社会、经济、生态3大系统的特征，识别研究区发展过程中的扰动因素。根据恩施州地方志、统计年鉴、政府工作报告、国民经济发展纲要等社会经济发展资料及实地调研访谈资料，基于经济体制转变及州域社会经济发展差异等视角，以新中国成立（1949年）、改革开放（1978年）、21世纪（2000年）为时间分割点，对恩施州经济系统、社会系统及生态系统的演化过程及特征进行梳理、归纳。同时从景观格局视角出发，精准识别不同时期案例地社会—生态系统的扰动因素（相关内容可见第4章）。

（3）多空间尺度下鄂西山区旅游地社会—生态系统恢复力测度及影响机理分析

一是，县域尺度下恩施州社会—生态系统恢复力测度及影响因素机理分析。

聚焦恩施州8个县级行政单元，从脆弱性与应对能力视角，构建旅游地社会—生态系统恢复力评价指标体系，运用集对分析法与熵值法，定量表征、衡量恩施州旅游地社会—生态系统恢复力发展水平及其时空演化特征，运用地理探测器，探测影响区域旅游地社会—生态系统恢复力差异的风险因子及其作用机理（相关内容可见第5章）。

二是，村域尺度下恩施州社会—生态系统恢复力测度及影响因素机理分析。

选取具有代表性的8个旅游社区为研究案例，基于旅游社区恢复力概念内涵的解析，从社会、经济、生态、制度和感知5个维度构建旅游社区恢复力评价框架，通过实地入户调研、统计数据整理等方式获取数据，测度恩施州旅游社区恢复力，并横向对比不同发展阶段、不同开发模式下旅游社区恢复力的差异。基于此，运用地理探测器方法，探测旅游社区恢复力的关键风险因子及其作用机理（相关内容可见第6章）。

三是，农户尺度下恩施州农户生计恢复力测度及影响机理。

以农户为研究对象，在明确农户生计恢复力概念内涵的基础上，构建包含缓冲能力、自组织能力、学习能力 3 大维度的农户生计恢复力评价框架，从微观视角对恩施州旅游地农户的恢复力水平进行深入探究，同时对比分析不同类型、不同局域单元生计恢复力的差异，在探寻恢复力障碍因子的基础上，找到提升农户生计恢复力的突破口（相关内容可见第 7 章）。

（4）山区旅游地社会—生态系统适应性管理对策

强化恢复力是提高可持续发展能力的关键，因此根据前半部分的分析内容，分别从区域行政单元、旅游社区及农户家庭 3 个尺度，提出针对性适应性管理对策与建议（相关内容可见第 8 章）。

1.3.4 研究方法

本书以地理学、旅游学、生态学、社会学等学科理论为基础，综合运用集对分析法、熵值法、地理探测器等数理统计方法、田野调查法、参与观察法等社会学方法以及 GIS 空间分析方法，通过实地调研、遥感数据解译、年鉴及政府工作报告整理等途径获取本书所需数据，探讨山区旅游地社会—生态系统恢复力特征，并提出具有针对性的适应性管理对策。

（1）归纳演绎法

在概念阐释、旅游地恢复力评价模型构建等部分，在分析中需要借助其他学科较为成熟的理论，从大量相关的文献中探寻并借鉴相关领域学者的学术观点与研究成果，并通过归纳演绎法，达到厘清概念内涵、科学构建评价模型的目的。

（2）田野调研法

本书根据测度框架设计调查问卷与访问提纲，选取代表性社区，采用田野调查法与参与观察法进行深入调查。田野调查能够深入了解农户的实际想法与需求、案例地发展中存在的现实问题及其背后的深层次原因。

（3）地理可视化表达法

通过 ArcGIS 空间分析模块和功能拓展模块，建立恩施州社会—生态系统恢复力空间属性数据库，并对旅游地社会—生态系统恢复力的各属性及其评价指标进行可视化表达。

（4）定量与定性相结合

本书中涉及不同空间尺度下旅游地恢复力水平测量及影响因素的判断，

数理统计（集对分析、熵值法、地理探测器等）与 GIS 空间分析（植被覆盖、景观格局指数）等定量方法发挥重要作用；同时，内在影响机制与适应性管理对策等离不开定性研究。

1.4 数据获取与处理

1.4.1 基础数据获取

（1）社会经济统计数据

依托湖北省、恩施州统计局与政府官方网站及武汉市图书馆、华中师范大学图书馆等丰富的数据资源，本书第 4 章及第 5 章所涉及的社会经济原始统计数据均以地区权威机构公开发布的数据为准，主要来源于 2000—2018 年历年《恩施州统计年鉴》、2001—2019 年历年《湖北省统计年鉴》《恩施州志（1885—1985）》《恩施州志（1983—2003）》及历年恩施土家族苗族自治州国民经济和社会发展统计公报等。

（2）地理矢量图数据

本书空间分析底图来源于中国基础地理信息数据库（1∶400 万），通过 AcrMap 软件采用 Lanbert_Conforaml_Conic 坐标系投影系统进行地理坐标配准。矢量图包括行政区划与边界（面状数据）、政府所在地（点状数据）、研究区河流（面状数据）等。

（3）遥感影像数据

本书所需的 2000 年、2010 年、2018 年土地利用数据来源于中国科学院资源环境科学数据中心所发布的 Landsat – MSS/TM/ETM 遥感影像数据，空间精度为 30 米，通过数据校正、融合、拼接、裁剪等技术手段，提取出 6 类土地利用斑块数据（林地、耕地、草地、水域、建设用地和未利用土地），并将其转化为矢量数据；恩施州区域海拔数字高程模型 DEM（Digital Elevation Model）数据，来源于国际科学数据服务平台（http：//dem. datamirror. csdb. cn/）发布的免费公开数据，空间精度为 30 米，海拔、坡度等地形因子数据从该 DEM 栅格数据中提取。

1.4.2 实地调研数据获取

（1）调研案例社区选择

案例地范围包括恩施州 8 个县市，地域范围较大，在中观、微观尺度分析时，难以一一涉及，为更深入分析鄂西山区旅游地社会—生态系统恢复力及其相关问题，本书选取具有典型性和代表性的少数民族社区进行实地考察。根据旅游地生命周期理论，选取处于不同发展阶段的代表性社区，如处于稳固阶段的营上村、发展阶段的白鹊山村、参与阶段的黄柏村及探索阶段的两河口村；不同案例地其旅游发展模式也存在一定差异，如小西湖村以接待避暑游客而负盛名，营上村则依托发展较为成熟的 5A 级旅游景区发展社区旅游，伍家台村则通过茶叶种植而延伸发展乡村旅游；从不同社区所处的地理位置来看，既有交通便利的社区，如地处利川城郊的长堰村与白鹊山村，也有地理位置较为偏僻、地处深山之中的两河口村等。调研共计选取 12 个旅游社区，包括恩施市营上村与二官寨村；宣恩县两河口村与伍家台村；建始县小西湖村、新溪村与黄鹤村；来凤县黄柏村与石桥村；利川市长堰村与新桥村、白鹊山村。

（2）实地调研情况

笔者跟随课题组共 3 次深入恩施地区进行实地调研与访谈，时间分别为2017 年 4 月 20 日—4 月 26 日、2017 年 6 月 28 日—7 月 13 日、2020 年 8 月11 日—9 月 2 日，具体调研情况如下：

2017 年 4 月 20 日至 4 月 26 日，课题组成员前往恩施市及建始县开展预调研，对当地乡村旅游发展较为成熟且具有代表性的旅游社区、农家乐经营户开展实地调研与访谈，主要访谈内容围绕旅游业发展概况（发展历程、参与方式、经营状况、相关政策等）、行政村基本概况等，调研点主要包括恩施市芭蕉侗族乡高拱桥村茶花山庄、恩施市盛家坝乡二管寨村、恩施市龙凤镇龙马村、恩施市沐抚办事处营上村及建始县花坪镇小西湖村。

2017 年 6 月 28 日至 7 月 13 日，课题组在 4 月份为期一周的预调研基础上，对访谈提纲及农户/村委会调研问卷进行修正、完善，后一行 7 人组成调研小组，再次前往恩施市开展调研。此次调研共计走访 20 个乡村旅游社区，与20 位村长、10 位乡镇长、2 位旅游局局长、4 位企业负责人进行深入访谈。调研过程如下：2 名调研员对村长、旅游局工作人员等进行半结构访谈，访谈主要围绕行政村基本概况（人口规模、自然生态、生计来源、基础设施等）、旅游业发展概况（发展历程、参与方式、经营状况、公共服务等）、乡村旅游扶贫概况（贫困程度、致贫原因、相关政策、扶贫措施等），访谈共获得 3.8 万字文字资料。其余调研员采用随机入户进行面对面交谈式的问卷调查。

2020 年 8 月 11 日至 2020 年 9 月 2 日，基于前两次调研获取的相关资料及实地观察，完成案例地筛选，并通过电话、网络等方式，更新案例地相关信息，同时完成调研问卷设计与访谈提纲确立的工作。第 3 次调研由 2 名博士研究生、3 名硕士研究生组成调研团队，调研过程主要参考前期调研方式，由 2 名调研员（博士研究生）对旅游社区负责人（村书记、主任）、投资与经营主体负责人（公司经理、主任等）、企业管理人员等进行半结构访谈，其余调研员采取随机入户方式，负责农户问卷调查工作，平均每份问卷访谈时间为 20—40 分钟。此次调研，共计获取 20000 字左右的文字资料与 435 份农户访谈问卷。详细的调研行程如表 1 - 1 所示。

表 1 - 1　　　　调研具体行程及数据、资料获取

调研地点	调研时间	问卷数量	深度访谈人员
营上村	2020.8.12—8.15	63	营上村村委会柳主任 恩施大峡谷风景区管理处唐主任
二官寨村	2020.8.16—8.17	45	二官寨村村委会吴书记
伍家台	2020.8.17—8.18	46	伍家台景区发展公司吴总 村易地搬迁点工作人员
新桥村 + 长堰村	2020.8.19—8.20	46	长堰村村委会王书记
白鹊山村	2020.8.21—8.22	34	白鹊山村村委会委员甘干事 湖北昌隆生态农业有限公司总经理谢总
两河口村	2020.8.23—8.25	66	两河口村村委会王主任 彭家寨古建筑群文物管理所康所长
黄柏村	2020.8.26—8.28	32	黄柏村村委会黄书记
石桥村	2020.8.26—8.28	25	无
黄鹤村 + 新溪村	2020.8.29—8.30	24	新溪村村委会肖书记
小西湖村	2020.8.31—9.2	44	小西湖村村委会向书记 湖北建始清江旅游发展有限公司总经理黄总 小西湖村望湖楼工作人员

第2章

国内外相关研究进展

2.1 社会—生态系统恢复力研究

2.1.1 概念演变及解释模型

(1) 概念演变

随着人类进入拥挤的"人类世",地球生态过程逐渐受人类主导,人类与生态之间形成的耦合系统具有复杂性、非线性、不确定性和多层嵌套等特征,为可持续管理带来了新的挑战(Vitousek P M,1997;Liu J,2007)。1973 年,Holling 提出社会—生态系统(Social-Ecological System,SES)的概念,并将社会—生态系统阐述为人与自然紧密联系的复杂适应系统,该系统受自身和外界干扰和驱动的影响具有不可预期、自组织、多体制、阈值效应等特征(Holling C S,1993;约翰·H. 霍兰,2000;谭跃进等,2001),并认为降低系统脆弱性(Vulnerability),增强系统恢复力(Resilience)并保持稳健性是维持系统可持续性的关键(Gunderson L H,2002;Young O R,2010;陈娅玲,2013)。社会—生态系统的提出,被认为是科学实现可持续的重要途径(Glaser M,2008;Leslie H M,2015)。恢复力思想提供了一种人类与不断适应的复杂的自然系统之间的一种理解方式(Allison H E,2004;Walker B,2006),生态学家 Holling 创造性地将恢复力概念引进生态学中,认为生态恢复力是系统改变那些控制系统行为的自能量和过程并对其自身结构进行重新定义前所能吸收干扰的量级(Holling C S,1993)。Adger 等(2005)调查了社会恢复力与生态恢复力两者的联系,将社会恢复力定义为人类社会承受外部对基础设施的打击或干扰的能力及从中恢复的能力;社会恢复力可以用制度变革和经济结构、财产权、资源可获取性以及人口变化来衡量(Adger W N,1997)。20 世纪 70 年代,社会—生态系统理论研究在国外兴起,学者们致力于研究复杂社会—生态系统的动态发展,恢复力的定义也逐步完善。国际著名学术性组织"恢复力联盟(Resilience Alliance)"运用适应性循环理论对社会—生态系统动态机制进行了描述和分析(Brain W,2004);Carpenter 等认为恢复力是指干扰的大小,也就是社会—生态系统由一种稳态进入另一种稳态之前,系统可以承受干扰的大小(Carpenter S,

2005）；Walker 等又将恢复力定义为系统能够承受且可以保持其结构、功能、特征，并在本质上不发生改变的干扰大小（Walker B，2006）。恢复力逐渐成为社会—生态系统概念性框架的核心理论。

随着恢复力概念由生态学领域向社会科学研究范畴的不断拓展，学者们对恢复力的研究逐渐关注于人的相关研究，社区恢复力、生计恢复力等概念应运而生。Adger（2000）等学者开始聚焦于社区恢复力的相关研究，Syed Ainuddin 等（2012）探讨了地震灾害背景下社区恢复力的概念，并提出社区作为应对灾难的第一响应者，经济发展、社会资本与社区竞争力是社区恢复力的关键；也有学者提出有韧性（Resilience）的社区可以通过利用自己的资源有效反弹（Recover）并返回至（Bounce Back）原来的状态（Paton D 等，2001）；Fara K（2001）和 Keim（2008）从尺度差异角度探讨了社区恢复力的概念，提出气候变化、恐怖组织等全球性扰动背景下，社区响应与适应能力是地区尺度应对全球性影响的关键。20 世纪 80 年代初期，SEN（1981）在对贫困问题的研究时提出"生计"的概念，生计通常被表示为家庭或个人谋生的方式（郭华等，2020），20 世纪 90 年代起生计恢复力概念逐渐引起学者们的关注（卜诗洁等，2021），生计恢复力直接关系到社会经济活动最小单元家庭的可持续发展能力，Tanner 等学者（2015）将生计恢复力界定为环境、经济、社会与政治动荡下多代际的人们维持和改善生计与福祉能力的机会；Amy Quandt（2018）基于对社会恢复力与生计恢复力的对比，提出两者并非互斥关系，但生计恢复力拥有更广泛的测度指标，跨学科、多背景交互是生计恢复力概念及其测量指标设立的一大优势。

（2）解释模型

社会—生态系统具有复杂性与动态性特征，为更好地揭示其系统内部构成及运作机制，学者们尝试通过构建概念框架或解释模型的方式，以更直观的形式反映其变化。恢复力联盟（Resilience Alliance）基于人地互动与动态性视角，阐述了社会—生态系统的概念性框架（见图 2 – 1），相较于其他学者对社会—生态系统概念的分析，该系统阐述了外部扰动包含快元素与慢元素两种不同的扰动因素，社会与生态影响在多个层面上相互作用，相关利益者通过制度反馈等适应行为，成为影响环境效益和人类福祉的反馈循环（恢复力联盟，2010）。

恢复力是社会—生态系统的重要属性之一，盆球模型（The Ball – basin Model）与适应循环模型（Adaptive Cycle Model）用于描述社会—生态系统恢复力的动态机制和阶段特征。盆球模型采用直观、形象的方式展示了恢复力对系统的作用过程（见图 2 – 2），如图：盆域表示不同的系统状态，球体代表当前社会—生态系统所处的状态，虚线表示不同系统间的阈值，当系统受到外部扰动时，球体会产生运动，当扰动量超过盆体边缘，球体会越出所在盆域进入另一盆域，即表示系统跨越阈值进入另一系统，此外外部干扰也会对盆域大小产生干扰（王琦妍，2011）。相较于盆域模型，适应循环模型更好地体现了恢复力作用过程的层级性（孙晶等，2007），适应循环概念最初由 L. H. Gunderson 和 C. S. Holling（2002）提出，这一理论较好的描述了社会系统或自然生态系统的动态变化过程，即绝大部分系统都会经过快速生长（r）、稳定守恒（k）、释放（Ω）和重组（α）的重复循环过程（Gunderson 等，2002）（详见本书 3.2.2 节）。

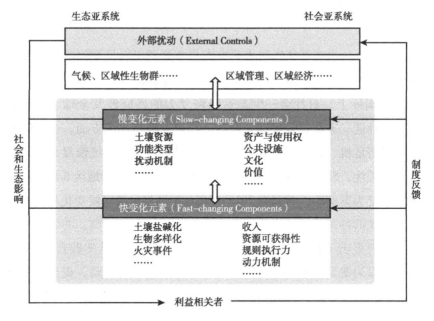

图 2 – 1 社会—生态系统概念框架

资料来源：恢复力联盟，2010。

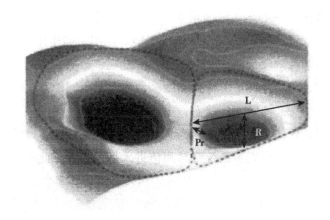

图 2 - 2 系统的盆球模型

资料来源：Brain Walker，David Salt，2010。

2.1.2 研究区域与尺度选择

尺度对社会—生态系统恢复力研究有着重要意义，尺度间的关联决定着某一系统在另一个相关尺度内会有怎样的行为表现（Janssen，2006；Mette F，2012）。国际上，对社会—生态系统恢复力的研究涉及全球与洲域、国家、城市、社区、家庭等多尺度。全球、洲域及城市尺度方面，全球气候变化、区域经济危机、能源消耗等宏观背景下社会—生态系统恢复力的研究受到学者们的关注，Stephen Whitfield 等（2019）以全球热带地区 6 种不同的社会—生态系统为案例地，对其在 2015—2016 年厄尔尼诺气候变化期间 6 种社会—生态系统的特征及气候变化所带来的影响进行深入探究，并针对气候变化的不确定性提出了相应的建议；Skye Dobson（2017）从实践者角度出发，以非洲贫民窟为案例对象，针对贫困与不平等所造成的风险，提出应变能力的未充分利用与资源不足是贫民窟不断升级的重要原因；Sarina Macfadyen（2015）在远程耦合（Telecoupling）的概念指导下，以全球食品供应链为研究对象，通过探讨食品供应对社会—生态系统的影响，提出 10 项旨在扩大生态系统服务与提高景观尺度下系统恢复力的建议。国家及城市尺度方面，Borie 等（2019）通过对马尼拉、内罗毕和开普敦等南半球多地的实地考察，绘制了全球气候变化下南半球城市恢复力及适应性图谱，提出了城市可持续性的未来研究方向；Zhan Wang 等（2018）对 1978—2015 年北京市城市社会—经济—生态系统的恢复力水平，并从 5 个方面提出了构建生态城市化示范性试行路径。社区尺度方面，Sabarethinam Kameshwar（2019）等基于绩效鲁棒性与快速性目标指南，以俄勒冈州海边社区为研究对象，运用贝叶斯网络评估等多种方法，识别可改善基础架构性能以达到社区定义的恢复力目标的措施；Volodymyr V. 等（2019）运用 RIM 模型，评估了美国中南部 310 个社区在 2005 年、2010 年、2015 年 3 个时间截点下对干旱灾害的恢复力变化情况，结果显示各县之间的恢复力水平之间的差距正在扩大。家庭尺度方面，学者将关注点聚焦于生计恢复力，Melissa J. Marschke1 等（2006）通过选取两个具有代表性的渔村，对比分析了积极性波动、政策变动等扰动因素影响下其生计恢复力之间的差异，结果显示生计方式多样性对于增强社区恢复力具有普遍意义；Aye‐karlsson Sonja 等（2016）以孟加拉国为研究对象，探讨在干旱、洪水、河岸侵蚀与旋风等自然灾害影响下，提出由改变农业生产方式向迁移或开始新型生计方式转变，提升家庭生计恢复力；Yi‐ping Fang 等（2018）运用动态结构方式从生计品质、生计推力、生计愿景和灾害压力 4 个方面对中国四川农村居民的生计恢复力变化进行定量化测量，并针对地震、洪水等不同自然灾害对生计的影响、易受灾人群等进行识别，据此提出改善生计恢复力的对策建议。此外，山地、海岸、湖泊、农业区等多种特殊地域单元也受到学者们的关注。如 Klein（2003）、Adger（2005）等对海岸带社会—生态系统恢复力的研究；Ke Zhang 等（2018）通过回顾中国 11 个具有代表性的湖泊生态过程，来研究湿地生态系统变化的长期动态性与恢复力；Sibyl Hanna Brunner 等（2019）以阿尔卑斯山为案例地，通过对社会—生态系统恢复力测度模型的构建，对其恢复力与适应性进行了全面的定量评估；Allison 等（2004）运用适应性循环理论对澳大利亚西北农业区的恢复力和适应力开展了系列研究。从研究尺度来看，国外学者对社会—生态系统恢复力的研究大中小尺度均有涉及。

从国内研究来看，我国辽阔的疆域及类型多样的地理单元，为学者们提供了丰富的研究样本。如以杨新军为代表的一批学者，以受地理环境和资源约束的西北地区为研究区，开展了针对不同尺度的系列研究：如基于遥感影像和社会经济统计资料，对榆林市（陈佳等，2016）、西安市（何艳冰等，2016）、榆中北山区（鲁大铭等，2017）等典型区域社会—生态系统的脆弱性与恢复力进行空间定量表达；对甘肃民勤绿洲进行跟踪调查，探讨乡村社区恢复力与农户适应能力、适应结果、适应对策之间的关系（温晓金等，2015；石育中等，2017；张行等，2019）。亦如以赵雪雁为代表的一批学者，以青藏高原东缘——甘南高原为研究区，开展了一系列多尺度的区域社会—生态系统脆弱性、恢复力及适应性研究：如以乡镇为研究尺度，对甘南高原95个乡镇、4个街道的社会—生态系统脆弱性及其影响因素进行定量化识别（李花等，2020）；基于入户调查数据，对甘南黄河水源补给区农户生计可持续性及生计风险进行探究（赵雪雁等，2020）。

从国内学者关注的研究尺度来看，多集中于中、小尺度的研究，但宏观大尺度的研究也有涉及，如黄小军等（2020）以296个城市为测度单元，对我国城市高温特征及其系统脆弱性进行了评价；解星（2019）对25个资源枯竭型城市社会—生态系统韧性进行了评价，并依据评价结果对其韧性进行差异化分析，据此提出不同类型韧性的提升策略。中观尺度方面，陈红光（2021）基于变异系数熵权法对黑龙江省2007—2016年水资源恢复力进行评价；孙阳等（2019）对长三角16个地级市社会—生态系统的恢复力进行定量化测量，并结合GIS空间分析手段，对其空间分异特征进行分析。微观尺度方面的研究较为丰富，不同地域单元的社区恢复力（谢巧燕，2020；杨涛等，2021）、不同外部风险因素干扰下的农户生计恢复力（熊思鸿等，2020；吴孔森等，2021）等均受到学者的广泛关注。此外，同国外研究相似，海岸、山区、湖泊、矿区等特殊地域单元也受到我国学者的关注。如秦会艳（2018）等利用集对分析法对黑龙江国有林区的恢复力进行了定量测量与影响机制的分析；吴文菁等（2019）从大数据视角，对台风灾害下海岸带城市社会—生态系统的脆弱性进行评估，评估目的旨在提高海岸城市的恢复力与适应力；尚至敏等（2019）以徐州市大黄山矿区为例，从社会、生态、经济3大系统遴选18个指标，构建矿区社会—生态系统恢复力评价指标体系，运用集对分析法评价系统恢复力，揭示大黄山矿区闭矿以来恢复力变化趋势；马学成（2019）对黄土高原典型生态脆弱区陇中黄土丘陵沟壑区县域社会—生态系统恢复力的时空变化进行了分析，并对其主控因素进行了甄别。

受制于社会—生态系统的尺度差异性，也有学者尝试对多尺度社会—生态系统的相关问题进行研究，如黄建毅（2013）从省域、县域及公里网格尺度对京津冀地区自然灾害的社会脆弱性进行定量化评估，并对社会脆弱性的共性规律和各个尺度层面的焦点问题进行深度剖析，据此提出针对性的调控对策；黄晓军等（2018）通过建立社会脆弱性评估框架与评价指标体系，对街道、社区和农户 3 个尺度上西安边缘区域的社会脆弱性进行评价，并得出随着尺度的下降，脆弱性指数低值化趋势更加显著的尺度变化特征；张金茜等（2018）从流域、县域、乡镇 3 个尺度分析了 2002 年、2014 年甘肃白龙江流域生态脆弱性的时空分异与空间关联性，并尝试对 3 种尺度间空间差异进行归纳、提炼。

2.1.3 社会—生态系统恢复力测度研究

社会—生态系统具有多稳态特征（Adger，2000），系统外部的任何干扰都有可能致使系统状态发生改变。因此，Scheffer（2000）等指出，对社会—生态系统恢复力进行测量是进一步探讨恢复力、研究系统稳定性的重要环节之一。恢复力联盟指出，阈值是系统状态改变的关键值，一旦达到阈值水平，会导致系统行为产生变化（Resilience Alliance，2007）。因此通过确定阈值大小来对系统状态进行确定，是测量恢复力的重要方法。国外学者对此进行了一定的尝试，如 Lin 等（2013）通过定量测量湖泊中氮和磷元素沉积速率下降的变化幅度对湖泊恢复至原来状态的影响，来确定湖泊系统的恢复力阈值，表明湖泊系统的恢复力可以通过氮和磷的变化两个关键指标来确定；Liu 等（2007）将土壤侵蚀程度作为严重干旱环境下北美黄松向矮松种群转换的关键阈值因素界定生态系统的恢复力。

受系统多样性及复杂性的影响，系统各稳态间相互转化的阈值较难确定，因此从阈值角度直接对系统恢复力进行测量较为困难。Folke（2002）、Carpenter（2005）等指出虽然恢复力的主要构成因素无法直接预测，但可以从系统中选取关键因素作为替代物（Surrogate），将复杂的恢复力测量变为单因素测量。基于社会—生态系统恢复力的替代性指标体系，建立恢复力指数模型，进而开展恢复力量化测量这一方法在实践中得到了广泛应用。如 Bennett 等（2005）在总结现有的 4 个恢复力模型的优劣及适用场景的基础上，建立了社会—生态系统恢复力替代物选择模型，并认为指标选取应当具有前瞻性，同时指标应当是系统恢复力的关键因素；A. M. Aslam Saja 等（2018）提出"5S"社会恢复力框架，该框架包括社会结构、社会资本、社会机制、社会公平和社会信仰5个方面46个指标；Amy Quandt（2018）运用家庭生计复原方法（HLRA），即基于可持续生计框架，对肯尼亚伊西奥洛地区的生计恢复力结果进行了定量测量，并基于案例结果提出了对HLRA框架的5个改进意见；Sebastian Rasch等（2017）基于牧场的生态模型，对南非公共牧场的恢复力进行了定量评价；Alessandro Cardoni等（2021）通过构建包含人口多样性、年龄比、外来人口、教育水平、失业率、医生数等12个反映人口结构的指标，对意大利地区的恢复力进行测量；R. Jacinto等（2020）对洪涝灾害影响下的社区社会恢复力指标进行了探讨，搭建出包含个体、社会、建筑、制度、环境、灾难6项社会恢复力测度因子。

国内学者对社会—生态系统恢复力的定量测量也进行了较多的尝试，根据研究对象与研究尺度的不同，学者们依据恢复力概念内涵与相关理论，分别尝试构建不同的测度评价体系。于翠松（2007）通过建立水资源系统恢复力定量评价的指标体系，在确定权重的基础上，运用综合评价方法计算并评价了山西省11个地级市水资源系统的恢复力；高江波等（2008）基于地理信息系统（GIS）、均方差决策法和突变级数法，选择物种多样性、群落覆盖度以及群落生物量为指标对青藏铁路穿越区生态系统恢复力进行了定量评估；王俊等（2009）选取社会—生态系统运行的驱动因子——干扰作为研究对象，运用归一化植被指数（NDVI）作为干扰反馈变量，采用移动窗口运算法，提出了社会—生态系统多尺度干扰的一种计算方法；王俊（2010）以甘肃省榆中县为例，从社会、经济和生态3个方面选择水敏感分子，构建半干旱区社会—生态系统恢复力测量的定量模型，计算了1991—2005年研究区社会—生态系统恢复力的变化；战金艳（2012）等以江西莲花县为案例地，从生境条件和生态存储两方面遴选出26个指标，建立了森林生态系统恢复力评价指标体系并采用组合赋权法确定了指标权重，通过空间叠加计算了莲花县森林生态系统恢复力水平；李杨等（2011）以智能城市和恢复力为切入点，从食品保障、城市环境、日常安全、经济发展、社会福利保障、技术发展6个方面，构建了智能城市系统恢复力评价指标体系；侯彩霞等（2018）以西北草原生态环境较脆弱的宁夏回族自治区盐池县为例，从生态、社会、政策3个方面构建恢复力指标体系，模拟未来10年，在不同国家生态补偿标准下草原社会—生态系统恢复力的可能情景；刘东等（2019）以黑龙江15个农场为例，建立改进TOPSIS农业水资源恢复力评价模型，并利用AriGIS软件对恢复力等级进行可视化呈现。

随着学者们将研究焦点逐步转向社会领域，对社区恢复力进行测量的研究逐步增多，何艳冰等（2019）以西安边缘区的失地农民社区为案例地，通过构建包含12项指标4个维度（社会、经济、环境、管理）的指标体系，对社区恢复力进行测量；杨莹等（2019）以应对公共健康危害为背景，综合测度广州市2056个社区的恢复力并剖析其空间分异规律，其构建的指标体系包含自然环境、建成环境、社会资本、经济资本及政府资本5个维度，选取指标32项；杨涛等（2021）运用熵权TOPSIS法，从社会、经济、生态与制度4个维度选取18项社区恢复力评价指标，对黄土丘陵沟壑乡村社区恢复力进行评价。生计恢复力测度方面：汪兴玉等（2008）基于农户问卷调查，结合GIS技术，从社会、经济和生态3个角度选择水分敏感因子，构建社会生态系统评价体系，根据脆弱度概念性模型计算出干旱背景下农户尺度的社会—生态系统恢复力；王晨（2019）以生计恢复力相关理论为指导，从缓冲能力、适应能力、转型能力3个方面构建农户生计恢复力评价指标体系，并对案例地延川县农户生计的动态演化过程进行了定量评价；从缓冲能力、自组织能力与学习能力3大维度构建家庭生计恢复力测度指标，得到了广泛应用，学者们运用这一评价框架，对西北地区的易地搬迁农户（李聪等，2019）、半干旱黄土高原地区农户（吴孔森等，2021）、气候变化影响下的农户（熊思鸿等，2020）、贫困山区农户（何艳冰等，2020）等不同类型农户生计恢复力进行了测度。

梳理来看，近年来恢复力评价方法在不断改进与发展，一些定性、半定量或定量的评价方法逐渐被提出并在案例中得到应用。其中综合指数法与加权求和法是恢复力评价的主要方法，集对分析、情景分析、图层叠置等逐渐应用其中。此外结合地理信息系统和遥感技术，为案例地恢复力识别与可视化提供了便利，也为区域发展及政府适应性管理提供了有效的决策参考。

2.1.4 社会—生态系统恢复力影响因素研究

发现并甄别影响系统恢复力的关键因素，对恢复力评估及案例地适应性管理至关重要（Jose A. Sanabria - Fernandez，2019）。受社会—生态系统复杂性影响，每一个案例地都可能是一个特例，因此影响系统恢复力的因素也各不相同。从生计恢复力的影响因素来看，Marschke 等（2006）研究了柬埔寨两个社区渔民的生计恢复力，认为多样化生计方式是渔民应对和适应冲击的常用策略，提出通过构建用户自组织能力、建立冲击管理机理和社区自组织应对外部变化来维持生计恢复力；Forster（2014）对安圭拉的渔民和海洋旅游经营者进行了访谈，发现多样化的生计能增强渔民的生计恢复力，但对资源的依赖会削弱他们对环境变化的应对能力，因此应加强海洋资源的适应性管理。从社区恢复力的影响因素来看，Berkes 等（2005）提出了恢复力的 4 个影响因素：学习、变化和不确定性共存的能力；更新培育多样性的能力；整合不同类别知识的能力；自组织创造机会的能力。城市作为人地关系互动最为紧密的空气，其恢复力研究具有十分重要的意义，Congshan‑Tian 等（2019）运用多元线性回归，基于地质灾害胁迫的多尺度对山地城市社会经济的恢复力进行研究，并从灾前、灾中应对、灾后适应 3 个方面，分析了不同类型灾害对社会经济恢复力的贡献程度，并发现山地面积所占百分比、单位面积基础设施投资完成度、人均 GDP、现代信息技术普及、医疗条件、地质灾害培训、灾害治理工程等，是影响山地城市恢复力的重要因素；Siyuan Xian 等（2018）通过对比过去 30 年纽约与上海两个特大城市的洪水灾害恢复力的差异，提出城市扩张、建筑材质与丰富度、人口集中度等因素对城市恢复力影响较大。此外，特殊地理单元系统恢复力影响因素也受到学者的关注，Adam R 等（2004）以西班牙两个自然保护区为例，研究得出社会经济变化、土地利用多样性损失，大大降低了社会—生态系统的恢复力；Adger 等（2005）在研究海岸带社会—生态系统应灾机制时提出，认为谋生手段的多样性、社会具备的知识、地方应急机构等都可以提高系统恢复力；Alejandro 等（2008）的研究发现与乡村遗址相关的景观空间组合的变化、区域的变异，都会引起社会—生态系统要素间的紧张，以维护历史景观（以可接受的生物、空间多样性和丰富性为特征）为目标，这个系统的恢复力和持续性在适应性管理的某种模式和当地人积极的决策参与下将更加切实可行；Haiming Yan 等（2011）在回顾了当前森林系统恢复力测量框架与评价结果的基础上，提出生物多样性、生态记忆、微生物环境及人类活动，是影响森林系统恢复力的关键因素；Jose A. Sanabria‑Fernandez 等（2019）对欧洲农业系统的恢复力进行了探究，并通过建模等定量分析的方法，识别系统恢复力的因果关系及可能的影响因素，同时采用访谈、利益相关者研讨会等定性分析的方法，为影响因素的确定提供支持，结果表明耕作制度的改造、海水富营养化程度、渔业捕鱼方式等，是农业系统恢复力的关键影响因素。

国内学者对社会—生态系统恢复力的影响因素也进行了探究。王俊等（2009）运用情景分析法总结了影响半干旱区社会—生态系统未来发展的几种驱动力，主要包括：干旱、政府决策、劳动力数量、劳动力素质、农业技术应用和外部环境；杨小慧等（2010）以甘肃省榆中县的3个典型乡镇作为研究区域，计算得出农户的文化程度、劳动力数、有效灌溉面积3个变量最能够影响农户的干旱恢复力；葛怡等（2011）对长沙市水灾恢复力从自然、社会、经济、技术4个角度进行了定量评价，并得出每一农业人口占有耕地、城乡消费水平差距和城乡收入水平差异3个指标是影响研究区恢复力的关键因子；杨新军等（2015）基于社会—生态系统恢复力的相关概念和分析框架，以道路建设为切入点，以商洛市为例，从区域（Local）和社区（Community）两个尺度，分析道路建设对欠发达山区社会—生态系统的综合影响，研究得出净迁入人口比例、到市区的距离、人口流动等是恢复力的重要因素；陈佳等（2016）以湘西土家族苗族自治州为例，基于家庭问卷调查数据，对贫困户的恢复力进行了研究，同时得出恢复力影响因素主要包括物质经济、劳动力素质、社会资本3个方面；温腾飞等（2018）以地处黄土高原半干旱脆弱区的甘肃省榆中县为例，运用生计恢复力理论框架，对该地区农户应对环境变化和风险扰动的适应和恢复能力进行研究，并识别出家庭存款、人均收入、家庭教育投入、户主教育程度、粮食自给能力和社会网络这6个因子是影响该地区农户生计恢复力水平的核心因素；刘伟等（2019）运用陕南安康市3个区县的657份农户实地调研数据，采用因子分析方法和多元线性回归模型，从微观农户视角实证分析和评估易地扶贫移民的生计恢复力，并识别出信贷资本、社会资本、搬迁类型等是重要的影响因素。

由以上案例研究可以看出，不同的案例地其社会—生态系统恢复力的影响因素各不相同，再次表明，社会—生态系统所具有的复杂性特点。对恢复力影响因素识别，有助于为区域可持续发展提出针对性的适应性管理意见，是恢复力研究的现实意义所在。

2.2 旅游地社会—生态系统恢复力研究

2.2.1 研究区域与对象

旅游活动是人类社会经济发展到一定阶段的产物,它本质是一种社会行为,和其他任何消耗自然资源的社会行为一样,它的发展也与自然生态系统紧密相关且离不开生态系统的服务与支持。因此,旅游互动与其所依存的生态环境之间,也必然构成了一个旅游相关人群与生态环境紧密联系的、受自身与外界干扰影响的复杂系统。从研究区域来看,国外对旅游地社会—生态系统恢复力的研究,大中小尺度均有涉及。大、中尺度主要涉及全球、国家等,如 Anyu Liu 等(2017)对世界 95 个主要旅游目的地国家,受恐怖主义这一外部扰动干扰下的脆弱性及恢复力进行了研究,研究结果显示,95 个国家中只有 9 个国家显示出了恐怖主义对旅游业的长期影响,表明旅游业对恐怖主义具有一定的恢复力;Tarik Dogru 等(2019)研究了气候变化背景下全球旅游业的脆弱性及其恢复力,研究表明,相较于全球经济发展,旅游业更易受到气候变化的影响,气候变化影响下收入较高的国家脆弱性高于收入较低的国家,但更具恢复力;Roberto Cellini 等(2015)对意大利经济大萧条期间(2008—2012 年)旅游经济的恢复力进行了研究,并借用恢复力这一工具,有效地探索了其与整个地区的结构特征和战略之间的关系;Duan Biggs 等(2015)以泰国普吉岛及澳大利亚大堡礁为案例地,研究了社会经济和环境治理对海洋企业恢复力的影响,有力地充实了对海洋企业恢复力的相关研究;Mahfuzuar Rahman Barbhuiya 等(2020)使用印度 22 个州的面板数据,对自然灾害与政治冲突两大背景下国家旅游业发展的脆弱性与恢复力进行了对比研究,研究结果表明严重的冲突事件所带的脆弱性高于自然灾害带来的脆弱性,从游客角度来看,国内游客相较于国际游客恢复力更强。小尺度的研究主要涉及某一微观旅游地或社区,如 Rasmus Klocker Larsen 等(2011)以泰国沿海旅游地社区为案例地,构建了社会—生态系统利益相关者联系框架,对增强社区海啸灾害恢复力与灾后重建措施进行了研究;Esteban Ruiz-Ballesteros 等(2011)以社会—生态系统恢复力为理论框架,对厄瓜多尔社区的恢复力及适应性管理进行了研究；Susanne Becken 等（2013）以新西兰皇后镇为案例地，对其旅游地社会—生态系统恢复力及影响因素进行了定量分析；Ahmad Fitri Amir 等（2015）借助乡村旅游业的可持续性规划，讨论了马来西亚乡村社区的恢复力；Peter J. S. Jones 等（2019）以西澳大利亚宁格罗海洋公园和鲨鱼湾海洋公园为案例地，研究其在全球气候变化背景下系统恢复力情况；Regis Musavengane 等（2019）以南非土地改革进程建立的部落社区为案例地，运用系统恢复力思想，提出了社区自然资源参与式协作管理。此外，特殊地域类型的旅游地，如自然保护区、国家公园等，也受到学者们的关注（Plummer R 等，2009）。

国内学者对旅游地社会—生态系统的恢复力研究也涉及多个尺度，区域尺度方面：孔伟等（2020）对张家口、承德等京津冀生态涵养区旅游地社会—生态系统的脆弱性特征进行分析；银马华等（2020）以大别山地区 9 县市为旅游地社会—生态系统案例区，基于压力—状态—响应模型对其脆弱性特征进行比较分析；沈苏彦（2014）从旅游开发的角度出发，对苏州 10 个区域社会—生态系统恢复力大小进行测度，并基于恢复力结果提出旅游开发对策与建议。社区尺度方面，年四锋等（2019）以九寨沟、青城山和北川县为案例地，运用社区参与理论与社区恢复力理论，提出了更为丰富的社区参与框架模型；曾艾依然（2020）以过度旅游压力下的鼓浪屿旅游社区为案例地，通过构建分析框架与指标体系，对鼓浪屿社区恢复力及其脆弱性、适应性影响因素进行探究；周婷（2017）以海岛旅游社区为案例地，对台风后海岛社区的恢复力、影响因素及灾后适应性管理等进行了探究。农户尺度方面，除对农户生计恢复力进行测量外，旅游地农户生计资本评估（王永静等，2020；张爱平等，2020）、生计策略选择（刘俊等，2019；胡露月，2020）、生计适应性（温馨等，2020）、生计资本的生态补偿（史玉丁等，2019）等均有所涉及。

2.2.2 旅游地社会—生态系统恢复力评价研究

旅游地社会—生态系统恢复力测度是恢复力思想指导实践的具体运用，国外学者就这一主题，开展了大量的研究，其研究内容主要包括恢复力分析框架构建、定量评估、适应性管理对策等。

恢复力分析框架构建方面，Emma 等（2009）基于恢复力概念的核心特征与功能，从暴露性、敏感性、响应及系统适应性、影响关联和时间尺度 5 个方面提出了恢复力评估框架；Strickland - Munro 等（2010）通过源于生态中的恢复力评估原则的应用，提出了一个新颖的、多学科的探测保护区旅游对社区影响的概念框架，该框架以恢复力联盟的恢复力评估纲要为基础，并提出了评估保护区旅游的利益主体驱动方法，这一框架是将恢复力利用和综合性系统思考运用到保护区旅游的一个起点，有力的推动了恢复力和复杂系统思想在旅游领域的应用。

恢复力定量评估与模型构建方面，随着研究的深入，旅游地社会—生态系统的恢复力定量研究逐渐成为重点，学者们通过建立数学模型或经济模型进行了较多的定量测量与评估。如 Arrowsmith 等（2002）选取与旅游活动踩踏有关的生物物理指标，建立空间恢复力模型，将案例地划分为 5 类不同等级的恢复力区域，并发现随着海拔升高，环境伤害的恢复力提高；Petrosillo 等（2006）开发了一个居民、旅游人数和固定城市废弃物产出相关的独立程序，标示出案例区内 10 个社会—生态系统在适应性循环中的位置；Lacitignola 等（2007）建立了自然环境质量、资本、大众旅游者和生态旅游者的四维阈值模型，强调生态系统高质量、旅游者类型和经济的相互作用。社区尺度的恢复力定量评估方面，恢复力联盟认为，社区恢复力由社区可获取的一系列资本资产测度，如可持续生计框架中的 5 大生计资本，资本资产越高，社区满足居民不同诉求和响应外部变化的能力越强，因此，依附旅游社区资本资产或资源为提高社区居民整体幸福感，以及为社区恢复力和适应能力提供了测量基础（Mais K，2008）；Harris 等（1998）识别了影响社区恢复力的因子，包括人口规模、社区领导、基础设施、社区自治性和经济多样性；Tompkins（2004）和 Nelson（2009）的研究结果表明资源可得性和区域相关制度的执行力，是影响社区响应变化和达到理想结果的关键因素；Holladay Patrick（2011）确定了恢复力包括社会、治理、经济和生态恢复力 4 个因子。

旅游地社会—生态系统恢复力适应性管理研究方面，学者们提出旅游地恢复力管理的主要方式是适应性管理（Adaptive Management）（王群，2015），Torres Sovero 等（2012）指出恢复力管理不仅是旅游地可持续能力和发展选择的问题，也是环境、社会和经济安全问题；Trosper（2002）指出政府能为生态系统恢复力作出特别的贡献，应加强动态系统各种政府控制的能动性，发挥政府在恢复力适应性管理中的作用；Balint（2006）研究得出大多数情况下，政府用其规则或规章来拥有或经营地区，政府作为管理机构，但其合作管理也在不断增强，而这一管理方式有助于区域恢复力的适应性管理；Lepp（2008）也指出在复杂系统中，因多种因素的相互作用及不可预测性，居民对旅游的态度经常是难以预测或与研究者期望相反，但这一态度对旅游地适应性管理至关重要，必须纳入当地管理者的考量范围内。

国内学者对旅游地社会—生态系统恢复力评价也开展了较为丰富的理论探讨与实证研究（见表2-1）。陈娅玲、杨新军等首先将社会—生态系统恢复力相关理论引入旅游领域，最先探讨了旅游地社会—生态系统的特征及运行机制（陈娅玲等，2011），将恢复力视为脆弱性的对立面，通过对西藏7区（市）的脆弱性水平的测度，得出其恢复力水平；适应性是社会—生态系统的重要属性之一，喻忠磊等（2013）从社会—生态系统适应性出发，借鉴脆弱性与恢复力研究中的适应性理论，构建农户旅游发展适应性分析框架，以秦岭金丝峡景区为案例，较系统的研究了农户适应旅游发展的行为模式、影响因素及机制，并提出了农户在旅游活动干扰下逐渐形成旅游专营型、旅游主导型、均衡兼营型、务工主导型4类适应模式；沈苏彦（2014）运用Ward聚类分析，将苏州老城区划分为大、中、小弹性3个类别；沈苏彦等（2015）运用分岔理论和情景分析法，解析了不同发展阶段旅游地可能出现的情景；李能斌（2017）以福建东山岛为案例地，从脆弱性与应对能力两个方面，构建了海岛型旅游目的地的社会—生态系统恢复力的指标体系，对恢复力时序变化进行了定量评价与分析，并在此基础上，分析了主要的影响因素，为目的地适应性管理提出对策与建议；陈亚慧（2018）以神农架为案例地，以脆弱性及应对能力两大层面，从社会、经济和生态三大着力点选取一定的指标，对神农架2004—2016年区域系统恢复力进行了测度；李瑞等（2018）采用与陈亚慧相同的分析框架，以贵阳市花溪区为案例地，探讨了城市型旅游目的地社会—生态系统恢复力情况；展亚蓉（2018）对辽宁滨海旅游地社会—生态系统恢复力进行了研究；周婷（2017）从自然、社会、经济和技术4个维度，搭建了包含13项指标的恢复力评价指标体系，对台风灾害影响下海岛旅游社区恢复力进行定量测度；曾艾依然（2020）通过访谈得分方式，运用扎根理论自下而上生成旅游社区恢复力理论框架，从治理韧性、社会韧性、经济韧性、生态韧性 4 个方面构建了旅游社区恢复力评价指标，运用通径分析等方法对其恢复力进行评价。表 2 - 1 列举了较为典型的恢复力评价框架与方法，从指标选取来看，学者们逐渐关注到非旅游因素对恢复力测度的重要性；从方法上来看，逐步由半定量化测量转向定量化测量。

表 2 - 1　　　　　　　　旅游地社会—生态系统恢复力测度

作者	案例地	评价方法	指标选取
陈娅玲等（2012）	西藏 7 市/区	半定量	旅游人次与当地居民占比；旅游资源吸引力；自然保护区面积占比等
沈苏彦（2014）	苏州老城区	半定量（Ward 聚类分析）	景区面积占比、景区平均等级、平均旅游接待人次数、近 3 年人口平均数等
王群（2015）；李能斌（2017）	千岛湖、东山岛	定量分析（集对分析/综合指数法等）	子系统：社会、经济、生态子系统 维度：脆弱性、应对能力
周婷（2017）	鼓浪屿历史国际社区	定量分析（主观赋权评估法/综合指数法）	自然维度（风力等级、降水强度、海岸长度等）； 社会维度（人口、社会救助、文化程度等）； 经济维度（经济水平、抗灾物资）； 技术维度（城市基础设施、旅游基础设施）
曾艾依然（2020）	鼓浪屿	定性/定量（扎根理论、通径分析）	社会韧性、经济韧性、生态韧性、治理韧性

2.2.3　旅游地社会—生态系统恢复力影响因素研究

关键影响因素是指在一个系统里直接或间接引起变化的那些因素，它能使系统更接近阈值，旅游系统的适应力与驱动力密切相关，关键影响因素关系着整个系统的稳态，决定着系统恢复力的大小，所以驱动力对于恢复力评估十分重要。由于系统的复杂性和动态性，其测量与确定具有一定的难度，国外学者对此进行了一定的探讨。从整个社会—生态系统来看，国外众多领域的学者都将旅游看成是提高社会—生态系统恢复力的主要驱动因素之一。Alejandro 等（2008）对西班牙两个自然保护区文化景观的社会—生态系统恢复力评估显示，可持续旅游和狩猎是提高这些文化景观社会—生态系统恢复力的最主要驱动因素；Lacitignola 等（2007）认为旅游地若被看成是一个社会—生态系统，则旅游是一个发展工具，它能影响生态系统货物和服务的质量，降低自然可再生和非可再生资源；Ruiz - Ballesteros（2011）也提出旅游是社会—生态系统恢复的促进因素。从旅游地社会—生态系统来看，恢复力的影响因素很多，其相互关系也非常复杂。各个旅游地社会—生态系统状况不同，其影响因素也不同，Strickland - Munro 等（2010）认为系统影响因素通常包括物理、生物、经济、社会或政策领域，干扰影响着保护区旅游系统功能，但慢变量，如价值、经济、基础设施、生物物理功能和生物多样性等，在总体评估中起着非常关键的作用，往往决定着系统面对外部干扰时的反应，它可能突然引起生态或社会一个快速的变化，或使系统陷入一个不可逆转的不同的功能状态，而理论研究却常忽视了慢变量作用的可能性；Rasmus 等（2011）从社会维度揭示了利益主体代理成为恢复力的主要决定因素；Emma 等（2009）也从社会—经济维度提出建筑类型和位置、目的地市场形象和品牌、旅游市场与产品、季节性、生计多样化、客户关系、财政资产、信誉、家庭和社会网络、就业技能、社会安全、工业实体、社区领导、利益主体参与、政府、公私链接、资源富足的商业主 16 个促进恢复力的因素。

国内学者基于对旅游地社会—生态系统恢复力的测量，对其影响因素进行了相应的探讨，为提出针对性建议提供科学依据。在研究方法上，多元回归模型（陈佳等，2015）、结构方程模型（郭永锐等，2018）、地理探测器（贾垚焱等，2021）、障碍度模型（王群，2015）等定量分析方法被学者们应用，旅游地社会—生态系统的复杂性，使其恢复力现状往往并不由单一因素构成，需要学者全方位考虑，因此 DPSIR 模型（D—驱动力、P—压力、S—状态、I—影响、R—响应）、扎根理论等质性分析模型与方法，也得到一定的应用（王子侨，2018；曾艾依然，2020）；在因素分析上，受制于不同案例地之间的差异性与特殊性，其驱动因素各有不同，但总体可分为自然环境、人文环境与人类活动 3 大类，其中自然环境主要包括全球气候变化（赵勇，2018；万紫昕，2018）、自然灾害（洪媛，2017）、区域性干旱（孔伟等，2020）等，这些风险因素会对区域环境变化和自然资源利用带来消极影响，进而影响到旅游地社会—生态系统恢复力；人文环境因素主要包括制度变迁（崔晓明，2018）、社会经济条件（陈佳等，2015）、地域文化（陈娅玲，2013；王群，2015）等，其作用可能是直接快速的影响，也可能是缓慢的影响；人类活动因素对旅游地社会—生态系统的影响往往更加直接，如生态环境污染与治理（张胜军，2019；张大成，2020）、土地利用（郑伟，2009）、社区参与（左冰等，2008；郭永锐等，2018）等。

2.3 恩施地区旅游可持续发展相关研究进展

恩施州地处武陵山集中连片特困地区腹地，集老、少、山、穷于一体。州内旅游资源丰富，是全国首批全域旅游示范区与省级文化生态保护区。当前，关于恩施州旅游发展相关的研究，已取得了一定的研究成果，主要集中在旅游资源开发与保护、区域旅游可持续发展及旅游扶贫成效等方面。

恩施州旅游资源丰富，具有发展旅游业的先天条件。学者们就恩施州不同类型的旅游资源的开发与保护问题展开了大量研究。自然旅游资源如地质旅游资源（陈小龙等，2019）、滨水旅游资源（黎宇梦，2019）、气候旅游资源（马乃孚，1993）等，学者们基于观赏价值、开发价值的阐述，揭示其当前开发中存在的问题，并提出相应的对策建议。文化旅游资源如土家族文化（高旸，2019；李秀文，2020）、民族音乐（杨紫娟，2019；贺晶娴，2020）、传统村落（程思豪，2019；夏伟，2019）、历史遗迹（赵临龙，2019）、历史建筑（危道军，2018）、非物质文化遗产（杨晓莉，2016）、旅游演艺（黄鑫，2016）等，学者们就其开发形式、品牌塑造、传承保护、利益共享等角度进行了探讨。新兴旅游资源如体育旅游资源（李小月，2019）、农业旅游资源（贾芸，2016）、研学旅游资源（周晓梅，2020）等，学者们也进行了探讨。总体来看，学者们对案例区旅游资源开发的建议，多从管理学、市场营销学等角度切入，从人地互动关系这一视角关注较少。

恩施州区域旅游可持续发展方面，学者们涉猎较广，如大型公共卫生事件下区域旅游业可持续发展（邵子恒，2020）、旅游城镇化水平（王靓等，2021）、交通瓶颈对旅游业可持续发展的影响（张士伦等，2008）、旅游经济可持续发展（曹骞等，2007；郭玉，2019；李俊轶，2019；梅芊，2019）以及生态旅游可持续发展（邓黎慧，2018）。恩施州独特的生态环境与经济发展基础，使其乡村旅游发展十分迅速，因此乡村旅游的可持续发展成为学者们关注的重点，其中乡村旅游产业发展（孔宁宁，2019）、乡村旅游发展模式（邓辉，2012；张新予，2013）、民族村寨旅游（贾君钰，2013）等均受到广泛探讨，但对乡村旅游的研究，多从产业视角切入，对乡村旅游中"人"的关注不足。

恩施州作为全国集中连片贫困地区之一，是我国精准扶贫的重要战场，特殊的地理环境使恩施州成为旅游扶贫的典型案例地。就此，学者们对恩施州旅游扶贫开展了一系列的研究。卢世菊等（2001）较早的对恩施地区旅游扶贫开发的可行性与对策进行了分析，并提出恩施州拥有诸多便利的旅游扶贫开发条件。随着全面脱贫攻坚政策的推行，旅游扶贫绩效（尹航，2019；王安琦等，2020）、扶贫政策感知差异（韩磊等，2019；谢双玉等，2020）、扶贫中的文化权益保护（徐雨，2019）、民族村寨空间正义感知与相对剥夺感（余阳，2019；卢世菊等，2018）、返贫与长效减贫机制（高梦琪等，2019；李晓甫等，2019）等，受到学者的关注与深入探讨，多通过田野调查获取一手资料，开展研究，其中模糊分析法（向延平，2012）、空间分析法（张竹昕，2019）等定量分析方法逐渐得到应用。

总体来看，虽然当前对恩施地区社会—生态系统恢复力的直接研究较少，对区域人—地互动关系的直接探讨不足，但学者们在研究中将恩施地区视为社会—经济—环境紧密联系的整体（魏屹，2014），并提出旅游发展中需要增强社区居民认同（任全球等，2019）、注重人与环境的互动等观点，均与恢复力思想相一致。

2.4 研究述评

国内外学者对区域社会—生态系统恢复力及旅游地社会—生态系统恢复力研究，在理论探索与实践应用方面对本书的开展具有重要的借鉴意义。当前研究成果在研究内容、研究方法与数据获取等方面，呈现出如下特征：

第一，研究内容方面：

研究区域与尺度选择：从整体上来看，呈现出由大尺度逐渐向中、小尺度转变，海岸、湖泊等特殊地域单元受到学者关注。具体而言，微观尺度如旅游地社区、旅游景区等，受其具备的可操作性强的优势，许多学者将其作为一个社会—生态系统整体，对其恢复力、脆弱性、适应性等进行测量，同时特殊地理单元，如生态敏感区旅游地、城市边缘区旅游地等近年来也受到学者关注。

恢复力测量与评估：恢复力测量与评估成为学者们关注的重点，通过替代物选取对恢复力进行测量成为主流的评估方式。评价框架建构与指标筛选成为恢复力测量与评估的关键，当前学者们对旅游地社会—生态系统恢复力评价指标的选择，由单一的对旅游系统的关注，逐渐转向对区域人地系统的关注，指标选择涉及面更广。

影响因素与驱动机制揭示：发现并甄别影响系统恢复力的关键因素，对恢复力评估及案例地适应性管理至关重要。当前学者们对影响因素与驱动机制的探讨，关注视角从自然环境因素或人文环境因素的单一关注，向自然与人文并重综合关注的方向转变；多元逐步线性回归、地理探测器、数理模型等定量测量方法，逐渐增多。

恩施地区的相关研究：尽管对恩施州旅游地社会—生态系统恢复力的直接研究较少，但旅游地系统整体观、注重人与环境互动、关注旅游活动参与主体"居民"等观点，与恢复力思想一致，其研究成果也具有重要的借鉴意义。

第二，研究方法与数据获取方面：近年来恢复力评价的方法在不断改进与发展，一些定性、半定量或定量的评价方法逐渐被提出并在案例中得到应用。其中综合指数法与加权求和法是恢复力评价的主要方法，集对分析、情景分析、图层叠置等方法逐渐应用其中，此外结合地理信息系统和遥感技术，为案例地恢复力识别与可视化提供了便利，也为区域发展及政府适应性管理提供了有效的决策参考。从数据获取上来看，数据多源化趋势明显。除区域社会经济发展等相关的统计数据之外，实地调研数据也得到广泛应用。

基于国内外研究评述和总结，上述研究特点及前进趋势反映了时代发展的要求，对科学指导旅游地可持续发展与建设更具韧性的旅游目的地具有重要意义。从现有成果看，对于恩施地区这一典型山地民族旅游地的研究尚存在一些不足，可以归纳为如下3个方面：

第一，在研究区域方面：城市、滨海、湖泊等地理单元研究较多，对山区旅游地这一典型空间单元的关注不足。山区旅游地地形变化复杂，其脆弱性困境与适应能力较其他类型旅游地差异较大，因此有必要对这一典型空间单元的恢复力开展深入研究。

第二，在研究内容方面：当前恢复力研究已经开展了全国、省域、市域、社区、农户等多尺度的研究，但研究多集中于对单一尺度恢复力的探讨，对同一区域多尺度恢复力的变化规律与空间效应的探讨不足，缺乏从地理学视角的多尺度的综合恢复力分析。

第三，在研究数据获取方面：统计数据与调研一手数据的获取，充实了恢复力研究的数据来源。土地利用变化是人类活动对区域影响的直接反映，因此有必要纳入区域植被覆盖等地理空间数据。

鉴于此，本书以山区旅游地——恩施州为案例地，从理论上探讨山区旅游地社会—生态系统恢复力的概念内涵与分析框架，剖析这一特殊地理单元县域、社区与农户三种尺度下社会—生态系统的恢复力水平、影响因素及其作用机理，为提升山区旅游地社会—生态系统恢复力提供理论依据，并提出具有针对性的适应性管理对策。

第3章

旅游地社会—生态系统恢复力
概念界定及理论基础

3.1 概念界定

3.1.1 社会—生态系统

随着可持续发展理念的不断深入，人们逐渐认识到，人类生存于一个人与自然紧密联系的社会生态系统中，人类与自然社会相互依存。我国学者提出"社会—经济—自然复合生态系统"（见图 3-1）（马世骏、王如松，1984）、"有序人类活动"（符淙斌等，2003）等学术思想，均强调应当将自然生态系统与人类社会系统视为紧密相关的整合系统，人类是这个整合系统中的一分子，生态系统抑制并塑造着人类及其生活，反之，人类活动也改变、塑造着生态系统（Brain Walker，2004）。近年来，"社会—生态系统（Social - Ecological System，SES）"的提出，为科学理解可持续发展及人地系统分析提供了新的角度。

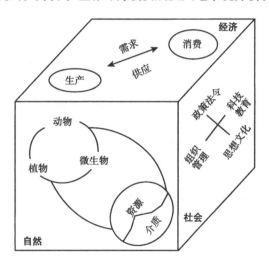

图 3-1 社会—经济—自然复合生态系统

资料来源：马世骏，王如松. 社会—经济—自然复合生态系统［J］. 生态学报，1984（01）：1-9。

Gallopín 于 1991 年提出，社会—生态系统是社会层面（人）与生态层面（自然）紧密联系及两者间交互作用构成的系统。社会—生态系统将生态、社会及经济联系起来，为可持续研究提供了新的视角（王群，2015）。社会—生态系统是不可分解的系统（Gallopín，2005），其可以指定为任一范围，如从当地社区到周遭的环境，甚至到包含人类圈和生物圈的整个全球系统。

社会—生态系统作为人与自然紧密联系的复杂适应系统，受到自身和外界干扰的多重影响（见图3-2）。Brain Walker等（2004）提出，社会—生态系统是具有适应能力的复杂系统，系统遇到干扰时的反馈人类无法预测，且具有适应能力的系统会呈现出不止一种的稳定状态（多稳态），恢复力（Resilience）是保持社会—生态系统可持续性的关键。

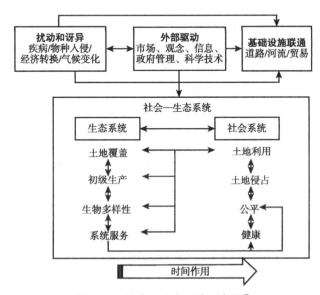

图3-2 社会—生态系统示意图①

资料来源：Bennett E M, Cumming G S, Peterson G D. A systems model approach to determining resilience surrogates for case studies [J]. Ecosystems, 2005 (8)：945-957.

3.1.2 旅游地社会—生态系统

（1）概念内涵

旅游是人类社会、经济、文化发展到一定阶段的必然产物。与其他社会、经济行为一样，旅游活动的开展离不开生态系统提供的资源，旅游活动也作用于当地的社会、经济系统，也必然形成了人类社会系统、经济系统与自然生态系统紧密相关的整合系统。陈娅玲（2011）从旅游活动为出发点，对旅

---

① 如图3-2所示，作者将社会—生态系统内涵及构成作出如下解释：外部驱动因素和突发事件可能会直接或通过联系影响本地社会生态系统；增加中介连通可以促使内、外部之间的耦合性加强，社会制度对土地利用调节的作用对生态系统影响很大；生态系统提供商品和服务对社会系统有很大影响。

游社会—生态系统的概念内涵与构成要素进行了探讨；王群（2015）从地域范围与系统要素两个角度对旅游地社会—生态系统进行了界定，两者均强调了旅游地社会—生态系统既具有一般社会—生态系统的特征，又是旅游活动为驱动力的特殊复合系统。

旅游地不同于一般的旅游景区/景点、旅游客源地或旅游过境地，旅游目的地具有独特的旅游形象、完善的区域管理与协调机构且能够使潜在旅游者产生旅游动机并作出旅游决策（张立明，赵黎明，2005），具有较强的资源依赖与客源依赖性。刘峰（1999）认为，与其他区域系统一样，旅游地地域系统也是由众多自然、经济与社会等要素/子系统构成的复合系统。

基于上述分析，本书将旅游地社会—生态系统界定为：以旅游活动为主要驱动力，旅游目的地为空间范围，人（外来旅游者、当地居民）与区域社会、经济、生态环境紧密联系、相互作用形成的复合系统（见图 3－3）。外部驱动因素与突发事件直接作用于旅游地社会—生态系统，或通过连通设施间接作用于系统，旅游地社会—生态系统可解构为生态、经济与社会 3 个维度/子系统，系统处于不断变化之中，且由不同空间层级结构构成，在时空尺度共同作用下，旅游地社会—生态系统及其子系统呈现出不同的状态。

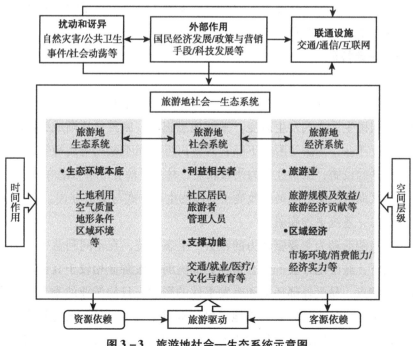

图 3－3　旅游地社会—生态系统示意图

（2）空间与时间尺度

空间尺度与时间尺度对旅游地社会—生态系统研究十分重要。空间尺度即旅游地社会—生态系统的范围，根据研究案例地范围的不同，可以划分为大、中、小等多尺度的旅游地社会—生态系统，如全球、国家、区域、省域等大尺度范围的旅游地社会—生态系统，中尺度则主要指省级至县级范围的旅游地社会—生态系统，小尺度则多指乡镇、社区等。但空间尺度具有相对性，对全球尺度而言，国家尺度相较之为小尺度。就本书的案例地选取来看，恩施州县域旅游地社会—生态系统即为较大的空间尺度，社区即为中尺度，家庭/农户即为微观小尺度的研究单元。

事物处于不断的动态变化之中，同一空间的旅游地社会—生态系统在不同的时间范围内，其系统要素、结构也截然不同。以旅游社区为例，旅游介入初期，为当地居民带来可观的经济收入、就业福利和完备的基础设施改善，但若旅游开发过度，长期下去会产生相应的环境污染、文化消弭等负面影响。

任何一个系统都是由一个运行于不同尺度（时间与空间）并且相互联系的适应循环的层级结构构成，尺度间相互关联的层级结构，决定了整个系统的行为（Brain Walker，David Salt，2004）。忽略时空尺度间的相互影响，尤其是在提出、实施优化系统生产力管理对策时，对时空尺度的差异性缺乏考量，是导致系统适应性管理失败的重要原因之一。

（3）系统特征

特征一：旅游为主要驱动力。

旅游是旅游地社会—生态系统的主要驱动力，旅游使区域经济增长、资源消耗、居民生活方式发生改变。案例地恩施州，旅游业逐渐成为区域经济增长的支柱产业，为满足源源不断的游客，恩施州不断完善区域旅游接待设施与配套基础设施；旅游业也为州域农业、林业、商业等带来潜在发展机遇；对旅游社区而言，旅游业彻底改变了居民的生计方式与生活方式。

特征二：系统更加脆弱。

作为旅游活动为主要驱动力的社会—生态系统，在不同利益主体活动的相互作用下，旅游地社会—生态系统更加脆弱。旅游业相较于其他产业具有高敏感性特点，易受外部环境和突发事件的影响，且旅游业的季节性压力与结构性不平衡、外来旅游者与当地居民的双重干扰等，使旅游地社会—生态系统的外部压力加剧；从案例地来看，恩施州以山地地形为主，洪涝、泥石流、山体滑坡等自然灾害频发，生态环境本底脆弱，使系统不稳定风险加剧。

特征三：系统更加开放。

"异地性"是旅游活动相较于其他社会活动最大的不同，旅游者必须通过实现空间移动才能完成旅游体验活动，旅游活动的流动性与异地性，使客源地与目的地之间的联系与交流更加频繁与紧密，旅游活动自身的特点，使旅游地社会—生态系统相较于一般系统更具开放性。旅游地与外界的人员流动、资源流动、信息流动等大量增加，增加了旅游地社会—生态系统所承受的压力。对案例地恩施州而言，交通条件一直以来是州域发展的瓶颈，旅游地社会—生态系统的开放性，对州域交通连接通道的便捷性提出了更高的要求。

特征四：系统更加复杂。

旅游地社会—生态系统的复杂性，表现为系统内拥有既各自独立又相互作用的组成成分，且系统内不断有新成分加入。旅游活动的介入，使区域社会—生态系统结构与构成要素更加繁杂，除满足当地基本的社会服务与生态功能外，区域不断加入新的元素，来满足旅游活动的顺利进行，如旅游资源开发、产业配套设施完善、政策方针与管理、地区土地利用与景观格局变化等。

3.1.3 恢复力

提出背景与内涵共识。"可持续发展"是人类共同追求的目标，联合国《2030 年可持续发展议程》提出 17 个可持续发展目标（见图 3 - 4）；2014 年世界经济论坛（World Economic Forum）提出当前世界面临的经济（Economic）、环境（Environmental）、地缘政治（Geopolitical）、社会（Societal）、技术（Technological）5 项危机，恢复力概念的提出，为解决这些危机、实现区域可持续发展，提供了切入点。"恢复力"（又或翻译为"韧性"）最初起源于生态学，由 Holling 于 1973 年提出，并将恢复力定义为生态系统构成稳定，并保持始终处于稳定状态的能力。随着学者们对恢复力认识的不断深入，恢复力逐渐由自然科学领域推广、应用至社会科学领域（见表 3 - 1）。学者们对恢复力的概念内涵开展了不同学科背景的阐释，但其共同点是将恢复力核心定义为"保持原有态势，即功能、结构和反馈的能力"。

图 3 - 4　可持续发展的目标

表 3 - 1　　　　　　　　　　恢复力在不同学科中的定义

学科	来源	定义
生态学（Ecology）	Holling（1973）	生态系统构成稳定，并保持始终处于稳定状态的能力
经济学（Economics）	Simmie, Martin（2010）	经济从不利冲击中恢复或者适应的能力
工程学（Engineering）	Bergen 等（2001）	系统在扰动后返回到稳定状态或平衡点的能力
物理学（Physics）	Prosser, Peters（2010）	系统或物体对外部压力所带来影响的不受损害的能力
心理学（Psychology）	Bonanno（2004）	个体面对压力与逆境，通过返回到先前正常功能状态的能力
社会学（Sociology）	Adger（2000）	社区或群体适应外部扰动的能力
社会—生态系统（SES）	Berkes, Folke（2003）	系统遭受意外干扰并经历变化后依然基本保持其原有功能、结构及反馈的能力

　　阈值与恢复力。阈值与恢复力概念密切相关，是指各变量水平的控制值，在控制值之上，关键性变量对系统产生的反馈会引起变化。阈值无处不在，但通常情况下，系统行为方式发生明显变化之后，人们才意识到阈值的存在，而一旦跨越阈值，通常很难返回至原来的状态。

　　工程恢复力与生态恢复力。对恢复力的理解，通常包含工程恢复力与生态恢复力两种。工程恢复力，多用于强调系统在受到干扰后很快反弹至平衡点，它更侧重于系统稳定性的测量，通常用系统返回到原始状态的速度/时间来进行衡量，而生态恢复力，更关注于系统返回到原始状态的能力，关注于系统能够承受多大的干扰和变化。两者相比较来看，工程恢复力并不考虑阈值，而生态恢复力则基于对阈值的理解。本书所关注的旅游地社会—生态系统的恢复力，即为其生态恢复力。

空间层级与尺度界定。复杂性特征使不同尺度下的旅游地社会—生态系统恢复力的构成要素、结构具有明显的差异性。作出明确的尺度界定是开展研究的必要前提，本书借鉴黄晓军（2018）的研究成果，将研究尺度划分为空间尺度和社会尺度两种类型：空间尺度包括省域、城市、县域和社区等不同层级，其恢复力对象为"地域/地方社会—生态系统"；社会尺度包括社会组织、家庭、群体等层级，其恢复力对象为"处于地域/地方社会—生态系统中的特定群体"。从地理学研究的视角出发，将最小的社会尺度——农户纳入恢复力空间层级分析，用以探讨"处于特定区域社会—生态系统内的特定人群的恢复力"。

3.2 人地关系理论

人地关系是现代地理学重要的研究主题（刘彦随，2020），人地关系即探究人类活动与地理环境之间的关系，这是地理学研究的重要视角。人地关系理论共经历了文明与环境关系论、进化与地理环境关系论、发展与环境关系论3个思潮。

文明与环境关系论中，主要代表思想为地理环境决定论、地理环境决定论的驳论。地理环境决定论的代表为亚里士多德、孟德斯鸠、李特尔等，他们通过观察区域气候特征，来反推地区文明程度，如对亚洲和欧洲的文明特点并用气候寒暖加以解释、用气候寒暖来反映亚洲和欧洲人的气质与文明程度等。这一时期，人们的地理知识、文明知识还较为肤浅，对地理环境对社会文明的影响认识较为欠缺。地理环境决定论驳论思想主要包括或然论、生产关系决定论。或然论代表包括维达尔·白兰士等，其思想为环境的决定性不是绝对的、必然的，最后的结果要看人的选择。生产关系决定论认为，人类社会发展从根本上说不决定于自然环境，而是取决于社会制度、生产关系，这一思想发端于 20 世纪 30 年代苏联展开的对地理环境论的批判。

进化与环境关系论中，代表思想为拉采尔的"国家有机体"和"生存空间"思想。拉采尔将国家比喻为生物体：国家地域为四肢体，交通（铁路、水陆、公路）是循环系统，首都是大脑、心脏和肺，边疆部分是末端器官。他的思想在个别人的利用下，成为种族侵略、发动战争的借口。

发展与环境关系论思潮，其时代背景为第二次世界大战结束之后。相对和平的发展时期，使各个国家将目光聚焦于经济增长，而忽视经济增长带来的环境压力与资源破坏。20 世纪 60 年代以后，《寂静的春天》（1962）、《增长的极限》（1972）、《只有一个地球》（1972）、《生存的蓝图》（1972）等一系列世界性著作问世，敲醒了人类对人地关系的重新认识。这一时期，人地关系的思想，已不单单是地理学的范围，已经扩展到了社会学、伦理学、政治、法学、科学技术等各个领域。这一思潮的代表理论为共生理论、环境容量思想、人与自然共同创造等。不同时期代表人物及思想，如表 3 - 2 所示。

表 3 - 2　　　　　　　　　　人地关系相关理论

人地关系理论	代表人物	主要观点
天命论	主观唯心主义者	用超自然的力量解释大自然的运动规律及其对人类生活的影响，认为自然界是人类精神的产物
地理环境决定论	亚里士多德；孟德斯鸠；李特尔	用气候对亚洲、欧洲的文明特点加以解释；用气候冷暖造成的人的感受差异来解释欧洲人强悍，得以保持自由地位，亚洲人感受性差，因此懦弱；均质的陆地文化发展慢，海岸线长的大陆利于文化接受与扩散
或然论	维达尔·白兰士；白吕纳	环境本身是不变的，技术给人类创造出更多的可能性，因此环境的决定性不是必然的、绝对的
生产关系决定论	佩舍尔	人类社会的发展从根本上不决定于自然环境，而取决于社会制度和生产关系
国家有机体	拉采尔	将国家比喻为生物体：国家地域为四肢体，交通（铁路、水陆、公路）是循环系统，首都是大脑、心脏和肺，边疆部分是末端器官
共生理论	本奈特；托夫勒；鲍尔丁	主要包括两个方面的思想内容：第一，保护环境、维护生态平衡；第二，建设环境的思想，人与环境不单单是共生的关系，更重要的是共同建设、发展

人地关系理论	代表人物	主要观点
环境容量思想	马寅初	环境对人类影响的承受限度
人地关系协调论	马克西莫夫；哈肯	研究人类与自然之间和谐共存、反馈与制约、利用与合作、发展与协调等系列关系及规律

资料来源：根据相关文献总结。

本书以山区旅游地的典型代表恩施州为案例地，探讨旅游地人与自然环境紧密联系及两者间交互作用构成的社会—生态系统恢复力，其本质也是新型地域单元中人—地关系的侧写与解释，人地关系中人地关系协同（艾南山，1996）、人地协调共生（方创琳，2000）等人地关系协调的理论与思想，确定了本书对旅游地人—地协调共生的判断基调。

3.3　适应循环理论

适应循环与阈值是恢复力思维的两个中心主题，其中适应循环关注于系统动态，即社会—生态系统是如何随时间而发生变化的。适应循环理论认为，大部分自然系统都会经历一个重复循环的过程，这一过程包括：快速生长、稳定守恒、释放、重组 4 个阶段（见图 3 - 5），这一循环即为适应性循环，它强调系统是如何进行自我组织以及应对环境变化。

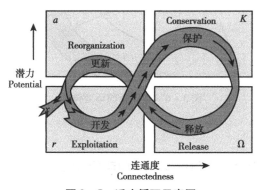

图 3 - 5　适应循环示意图

快速生长阶段（r 阶段），表示循环最初系统内事物与人充分利用资源与机会，使系统处于快速生长的状态，图 3 - 5 中的 r 表示最大生长速率。

稳定守恒阶段（k 阶段）表示经过快速增长，系统内能量和物质慢慢积累储存，且系统内部的优势由善于利用机会的参与者转向擅长强化内外联系而减少外部变化影响的物种。四个阶段中，这两个阶段为正向循环阶段，由于系统在此阶段具有稳定性且积蓄储存能力强，其发展动态较好预测，系统在不断的资源与能量积累中向前发展。

释放阶段（Ω 阶段），当超出系统恢复力阈值的干扰因素出现，系统内部各组分之间的相互作用关系被打破，系统资源被释放，最终导致系统瓦解，现实世界中如火灾、干旱等会引起系统物质与养分的释放，新的技术革新会导致某个传统行业的瓦解；重组阶段（α 阶段），混乱的释放阶段，使系统的发展充满着多种可能，新的组织或新生物会逐渐发挥其作用，或开启为新的积累模式，或崩溃成一个退化的状态。释放阶段与重组阶段为逆向循环阶段，存在众多的不确定性与风险性，也潜藏着更新、调整与创新实验的特征。

适应循环并不是绝对适宜于所有系统的周期变化，人类和自然界中存在多种变异情况（见图 3 - 6）。系统经历快速生长阶段后，也可以能越过稳定守恒阶段，直接跨入释放或重组阶段；虽然系统一般从稳定守恒阶段进入释放阶段，但也有可能受某些干扰的影响，退回至生长阶段。除了从释放或重组阶段无法直接进入稳定守恒阶段外，其他所有阶段都有可能发生转换。

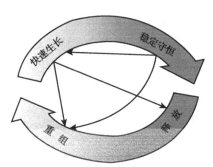

图 3 - 6　适应新循环变体图

3.4　可持续发展理论与可持续生计框架

20 世纪 70 年代以来，发展与环境的关系引起了全球性的讨论。学者们先后提出零增长理论、增长价值怀疑论、非工业化经济等停止和减缓经济增长的理论，也提出持续增长（凯恩斯）等乐观的发展与环境关系的态度。布伦特兰夫人撰写的《我们共同的未来》报告中明确提出"可持续发展"思想。1987 年联合国设计环境与发展委员会以"我们共同的未来"为主旨报告，得到出席会议国家的普遍认同，标志着可持续发展理论的形成。目前，关于可持续发展理论，已形成明确的概念界定、属性认识、基本原则与特征，可持续发展强调人与自然和谐共处、人与人之间公平和谐相处。

消除贫困是可持续发展目标之一。1999 年，英国国际发展部门（Department For International Development，DFID）提出可持续生计框架（Sustainable Livelihoods Framework，SLF）。可持续生计分析框架围绕解决贫困问题而开展，以生活在脆弱性背景下的边缘居民为分析对象，将贫困问题集成至一个分析框架之内，适用于洞察贫困地区农户生计问题，其目的在于实现可持续生计结构。根据图 3-7 可知，该框架包括脆弱性背景（Vulnerability Context）、生计资本五边形（Livelihood Assets Pentagon）、结构和过程（Structures and Processes）、生计结果（Livelihood Outcomes）4 部分。Ellis（2000）将生计资本划分为人力资本（人口和劳动力特点）、社会资本（社会关系、组织、规范等）、自然资本（环境资源本底）、物质资本（人造产品、设备和基础设施）及金融资本（资金的存储、流通和构成）。

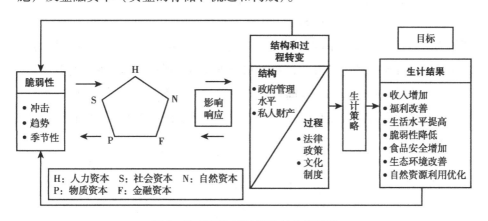

图 3-7 DFID 可持续生计分析框架

案例地为典型的贫困山区民族集聚地区，农户是山区旅游地发展最基本的决策单位及最重要的经济活动主体，脆弱的生态环境、多变的外部社会环境、更新的经济发展机遇，为农户带来更为复杂的外部干扰。采取的生计方式与生计策略不仅直接关系到农户的生计结果，同时也决定着资源的利用方式与效率（崔严等，2020）。可持续生计框架的提出，不仅为理解与解决复杂的农户可持续生计问题提供了可操作性工具（赵雪雁等，2020），同时为深入剖析农户生计动态变化及其应对外部扰动与冲击的方式与能力提供了关键切入点（Marschke 等，2006；Scoones，2009）。本书借鉴可持续生计框架中对生计资本的界定与分析框架，运用于农户生计恢复力的分析中。

3.5　旅游地生命周期理论

20 世纪 60 年代，德国地理学家克里斯·泰勒提出目的地生命周期的概念（The Concept of Destination Life Cycle），20 年后加拿大地理学家巴特勒（Bulter）将产品生命周期理论（Products – life Cycle）引入旅游研究，提出了旅游地生命周期理论，并将旅游地的发展演化划分为探索阶段、参与阶段、发展阶段、巩固阶段、停滞阶段、衰落或复苏阶段 6 个阶段（见图 3 – 8）。

探索阶段（Exploration Stage）：这是旅游地发展的初始阶段，这一阶段只有少量的游客，基本没有专门的旅游接待设施，社区居民无服务意识，旅游地社会与生态环境未因为旅游而产生变化。

参与阶段（Involvement Stage）：这一阶段游客人数逐渐增多，社区居民开始为游客提供一些简单的接待设施，旅游季节性特征凸显，社区居民为适应旅游活动开始调整生活方式，政府和企业等相关利益群体开始参与其中。

发展阶段（Development Stage）：旅游宣传全面铺开，政府与外来投资剧增，专门的旅游接待设施出现并不断完备，社区居民积极参与旅游接待活动，旅游地自然面貌发生较大改变。

巩固阶段（Consolidation Stage）：游客人数持续增长，增长率将下降，但旅游接待人次数超过社区居民人口数，旅游地大部分经济活动与旅游产业紧密联系。社区居民，尤其是未参与旅游业的居民，会对大量到访的游客和旅游服务设施所带来的侵占和扰乱，产生反感和不满。

停滞阶段（Stagnation Stage）：游客人数达到最高值，旅游环境容量已经饱和或越过，由旅游活动带来的社会、经济和环境问题随之而至。旅游地在游客中建立的良好形象已不再时兴，旅游市场很大程度依赖于重游游客或商务游客。旅游接待设施过剩，人造景观取代了原始的自然景观和文化景观，保持游客规模需要付出极大的努力。

衰落/复苏阶段（Decline or Rejuvenation Stage）：进入衰退阶段后，无论是旅游吸引物的吸引力还是游客量，相较于新的旅游地，已失去竞争优势，随着旅游产业的衰退，旅游地逐渐演变为旅游贫民窟或失去旅游功能。通过增加人造景观吸引力或开发未开发的旅游资源，可以重启旅游市场，使旅游地进入复兴阶段。这一理论为本书案例地选取、案例地发展阶段、开发模式、居民对旅游影响的感知等，提供了重要的参考依据。

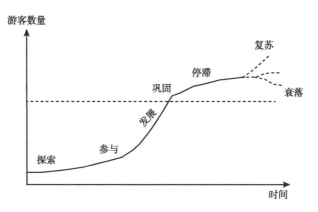

图3-8　巴特勒旅游地生命周期示意图

第4章

恩施州旅游地社会—生态系统
演变特征及干扰分析

我国是典型的山地大国，山地面积占全国总面积的 73.4%。长期地质历史时期内外营力的共同作用造就了我国山地阶梯状分布的基本格局及独特的地貌形态，山地地区以其独特的自然风光与人文环境日益成为旅游业重要的资源载体。武陵山区位于三大地形阶梯中第二级阶梯向第三级阶梯的过渡带，平均海拔 1000 米。地形上隆起的山区，反而是生态上的脆弱区与社会经济发展的低谷区。地处武陵山区的恩施土家族苗族自治州，自然资源丰富，民族风韵浓厚，生态环境脆弱，自然灾害多发，区域社会—生态系统先后经历了从传统农业经济到茶、烟特色农业经济、旅游经济的发展历程。

4.1　恩施州概况

4.1.1　自然地理概况

恩施土家族苗族自治州（以下简称"恩施州"）位于湖北省西南部，位于湘鄂渝三省（市）交界处，州域东连荆楚，南接潇湘，西邻渝黔，北靠神农架，是湖北省西南部对外联系的桥头堡。恩施州地处东经 108°23′12″—110°38′08″、北纬 29°07′10″—31°24′13″，州域南北相距 260 千米，东西相距 220 千米，国土面积 2.4 万平方千米。① 恩施州于 1983 年 8 月 19 日建州，是新中国成立后最年轻的自治州，也是湖北省唯一的少数民族自治州，州内共有土家族、苗族、侗族、回族等 27 个少数民族，少数民族人口占比达 54%（谢双玉，2020）。恩施州下辖恩施、利川两市和建始、巴东、鹤峰、宣恩、咸丰、来凤六县，其中恩施市，是州政府所在地。

恩施州位于武陵山区腹地，全州以山地地形为主，平均海拔 1000 米，其中海拔 1200 米以上的地区面积占比为 29.4%，海拔 800—1200 米地区面积占比为 43.6%。② 州境整体呈西北、东北、东南部高，中部相对低的地势形态，州域地貌复杂，丘原、深谷、伏流、溶洞交错分布。州境内共有 9 条河流，流域面积超过 1000 平方千米，长江横穿巴东，清江、酉水、溇水、唐崖河、郁江等河流沿断裂发育，州域地下水储量丰富。恩施州属亚热带季风性山地

---

①②　数据来源：恩施州人民政府官网，http：//www.enshi.gov.cn/zq_50192/esgk/zrzy/202007/t20200714_566814.html。

湿润气候，州域年平均气温 16.2℃，年平均降水量 1600 毫米。① 州内冬少严寒，夏无酷暑，雨量充沛，四季分明，海拔落差大，垂直性气候差异突出。恩施地区动植物资源丰富，被誉为"鄂西临海""华中地区动植物基因库"，州内拥有 3000 余种植物和 500 多种陆生脊柱动物，其中有 40 余种植物和 77 种动物属于国家级珍稀保护动植物（邓黎慧，2018）。

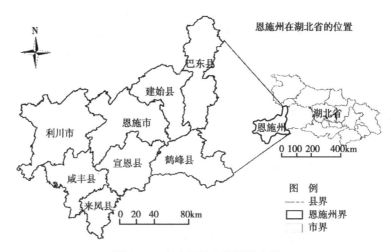

图 4-1 研究区地理位置示意图

注：地图来源于湖北省地理信息公共服务平台网站下载的标准地图［审图号：鄂州 S（2021）002 号］。

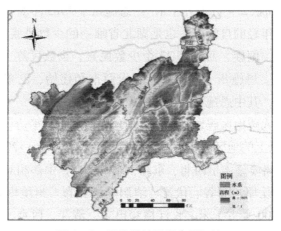

图 4-2 恩施州地形及主要河流

注：地图来源于湖北省地理信息公共服务平台网站下载的标准地图［审图号：鄂州 S（2021）002 号］。

---

① 数据来源：恩施州人民政府官网。

山区旅游地社会—生态系统恢复力研究

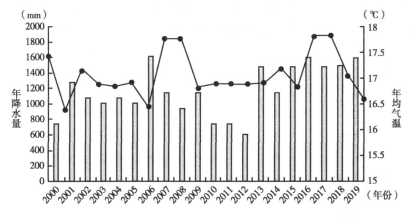

图 4 - 3 恩施州历年年平均气温及年降水量变化趋势图

4.1.2 社会经济概况

1735 年清雍正皇帝推行改土归流政策，废除了恩施地区始于元代的土司制度。改土归流之前，土司推行"汉不入峒"的封闭政策，经济发展十分缓慢；改土归流后，先进的生产耕作技术被带入，农业生产有了一定的发展；封建制度时期的恩施州，地主占据绝大多数土地，贫富差距大、社会矛盾尖锐、经济破败；民国时期，军阀混战，南京国民政府成立后，国民党调重兵在鄂西围剿中国工农红军，鄂西各族人民处于水深火热之中；抗日战争时期，湖北省政府西迁至恩施，使恩施地区社会、经济各方面得到一定的发展；解放战争时期，省政府迁回武汉，恩施随之冷落，"合渣过年，辣椒当盐，伴着包谷壳叶眠"成为广大贫困百姓生活的真实写照。新中国成立后建立湖北省恩施行政区，1983 年 8 月，国务院批准撤销恩施行政公署，成立鄂西土家族苗族自治州；1993 年更名为恩施土家族苗族自治州，下辖 2 市 6 县。

恩施州是湖北省唯一一个全域贫困地区，2 市 6 县均为国家级贫困县。2013 年建档立卡贫困村达 729 个，贫困人口 109 万人，贫困发生率为 30.6%（尹航，2019）。2019 年全州共完成地区生产总值 1159.37 亿元，在湖北省 17 个地市州中居第 13 位（见图 4 - 4 上），从产业结构角度来看（见图 4 - 4 下），第一产业增加值为 180.94 亿元，占比为 15.6%；第二产业增加值为

299.43 亿元，占比为 25.8%；第三产业增加值为 679.00 亿元，占比为 58.6%。全州内人均生产总值为 34259 元，较上一年度增长 6.1%。①

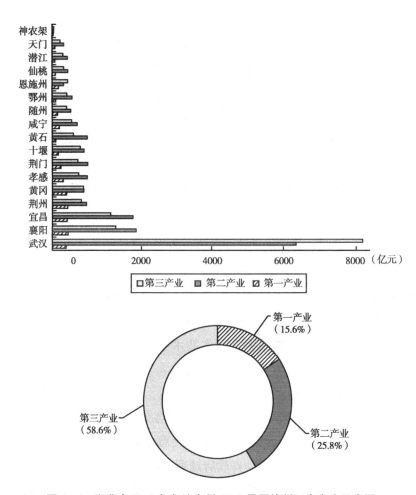

图 4-4　湖北省 2019 年各地市州 GDP 及恩施州三产占比示意图

　　2019 年，恩施州总人口 402.10 万人，常住人口 339.00 万人，其中城镇常住人口 155.47 万人，常住人口城镇化率为 46.86%。近年来，区域交通路网逐渐完善，2010 年宜万铁路全线开通，结束了恩施州无铁路的历史，沪蓉、沪渝、恩来、恩黔高速相继通车，县县通高速实现。教育方面，全州在校人数 53.54 万人，幼儿园 652 所，小学 461 所，中学 171 所，中等职业学

① 数据来源：2018 年、2019 年《恩施州统计年鉴》。

校 12 所，普通高校 3 所。医疗卫生方面，全州各级医疗卫生机构 2974 个，实有床位数 2.54 万张；卫生技术人员 2.38 万人，其中执业（助理）医师 0.86 万人，注册护士 1.16 万人。[①]

4.1.3 旅游资源概况

自然天成的"山水地质博物馆"。恩施州自然旅游资源富集，神奇的北纬 30°横贯其中。州域内山峦叠嶂，河流众多，孕育出一座天然的"山水地质博物馆"。母亲河——清江，全长 423 千米，流域山明水秀，号称"八百里清江画廊"；州域喀斯特地貌发育，溶洞众多、峡谷幽深、洞齐峰秀、密林掩映，拥有世界第一溶洞"腾龙洞"、可与美国科罗拉多大峡谷媲美的"恩施大峡谷"、形成于 4.6 亿年前的世界第一地缝"云龙河地缝"及世界第一暗河"龙桥暗河"等。

绚丽夺目的"中国绿宝石"。恩施州森林覆盖率高达 70%，且林相美观，四季美景各具特色。州域属亚热带山地季风性湿润气候，降水丰沛，冬少严寒，夏无酷暑，高海拔物种丰富，享有"鄂西林海""华中药库""烟草王国""天然氧吧"的美誉。恩施地区属于高硒区，州域内拥有独立矿床，硒矿蕴藏量居世界第一，是世界天然生物硒资源最富集的地区，被誉为"世界第一天然富硒生物圈"。

风情浓郁的"多民族集聚地"。多民族集聚的恩施州，孕育出浓郁的少数民族特色文化。巴国地域文化、土司历史文化、土、苗、羌、侗等少数民族民俗文化在此汇聚、交融，州内各族文化积存丰富、底蕴深厚、特色鲜明。有唱响世界的优秀民歌《龙船调》，有原始古朴的三峡活化石神农溪纤夫，有"历史悠久的东方情人节"土家女儿会，有千家万户共庆丰年的摆手舞，有精美华丽的土家织锦西兰卡普，有中国南方干栏式建筑经典土家吊脚楼。

目前恩施州共有 A 级景区 32 处，其中 5A 级景区 2 处（恩施大峡谷、巴东神农溪旅游区），4A 级景区 17 处；世界级文化遗产 1 处（唐崖土司城），国家级非物质文化遗产 15 处；国家级自然保护区 5 处；国家级文化保护单位 9 处；中国传统村落 81 处，区域旅游资源数量丰富、种类多样、品质优异，

---

① 数据来源：《2019 年恩施州国民经济和社会发展统计公报》。

2019 年恩施市入选全国首批全域旅游示范区。[①] 恩施州主要旅游吸引物及其空间分布如图 4 - 5 所示。

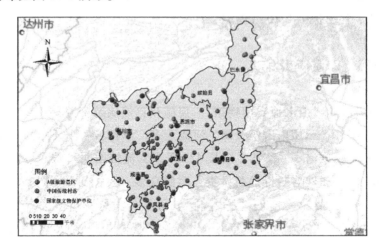

图 4 - 5 恩施州主要旅游吸引物空间分布

注：地图来源于湖北省地理信息公共服务平台网站下载的标准地图［审图号：鄂州 S（2021）002 号］。

4.2 恩施州社会—生态系统演变特征

本节依据恩施州地方志、统计年鉴、政府工作报告、国民经济发展纲要等社会经济发展资料及实地调研访谈资料，基于经济体制转变及州域社会经济发展差异等视角，对恩施州社会—生态系统演化过程及其特征进行探讨，以期能够清晰梳理、全面反映新中国成立以来恩施州人地系统的变化规律及特征。

4.2.1 1949—1978 年

（1）经济子系统：工农生产逐步复苏

新中国成立后，中国共产党领导全州各族人民在旧中国留下的废墟上开展规模空前的经济建设，恩施山区发生了日新月异的变化。恩施州工业基础

① 数据来源：湖北省文化和旅游厅官方网站。

十分薄弱，据统计，1952 年全州只有 58 个手工作坊，主要从事竹木制品、日用陶器、食品加工和硫磺、煤炭生产，总产值 778 万元，占工农业总产值的 6.1%。1958 年，受"左"倾思想影响，工业建设呈现"以钢为纲，土法上马，大办工业"的狂热状态，造成巨大人力物力财力浪费；1961 年中央全面整顿重新部署工业企业。此后全州工业坚持从实际出发，重点加快能源工业、支农工业和以农产品为原料的轻工业发展。以煤炭工业为例，1962 年煤炭总产值较 1957 年增长近 1 倍（见表 4 - 1）。

表 4 - 1　　　　　　　　恩施州煤炭工业基本情况

年份	1952	1957	1962	1965	1970	1975	1980
企业数（个）	2	11	19	8	26	46	76
总产值（万元）	—	32	61	54	110	456	667
全员劳动工生产率（元/人）	36	1363	744	1642	1194	1688	1915

注：根据《恩施州志（1983—2003）》整理。

这一时期，粮食生产在农业中居主导地位，伴随着土地改革、发展互助组、兴办合作社、引导农业走合作化道路，区域农业机构不断健全，农技队伍不断充实，农业生产力水平不断提升。1951 年全州第一个互助组成立，其后各县大力宣传，至 1952 年底，全州共建立 3265 个互助组，32453 户农户参与；1953 年初级农业合作社兴起，1956 年农业合作化运动掀起高潮，全区共建立高级社 2200 多个；农业合作化后，农田基本建设、农业技术改革全面展开，1957 年全区旱改水 3.97 万亩，坡改梯 4.85 万亩，推广良种 67.05 万亩，一季改两季 79.73 万亩，1957 年恩施地区粮食产量由 1949 年的 395660 吨上升为 607645 吨。经过长期努力，多数地区由缺粮变为自给，并开始大力发展多种经济，1957 年茶叶种植面积达 9.45 万亩，药材种植达 3.58 万亩。合作社后，土地统一经营，能够因地种植，便于技术革新；劳力统一管理，有利于合理分工；实行按劳分配，有利于调动积极性。

1958 年，人民公社制度建立，恩施地区大办农村食堂，高峰期食堂达 10382 个；大炼钢铁，建起小高炉 126472 座；用简单方式办起钢铁、煤炭、砖瓦、糖酒、造纸等社办工厂 435 个。1959 年，受"五风"影响，加之自然灾害严重，全区粮食产量降至 43.8 万吨，较上一年度下降 30%。1960 年，中央紧急争锋兑现，纠正"大跃进运动"，调整公社制度，公社社员恢复自留地、家庭副业，劳动报酬评工计分，生产积极性提高，农贸市场日益活跃。

伴随着"文化大革命"运动的开始，社会秩序、生产秩序受到冲击，公社自留地和家庭副业被限制，尚未完全打开的集市贸易之门再度关闭，取消评工计分，劳动积极性下降。

表4-2 　　　　　　　　　　　　　　　　**粮食产量统计表**

年份	粮食总产量（吨）	水稻种植面积（万亩）	总产占比（%）	玉米种植面积（万亩）	总产占比（%）	马铃薯种植面积（万亩）	产量（吨）
1949	39.57	109.32	39.7	190.60	29.9	39.41	30000
1953	53.99	116.12	37.4	201.07	32.6	46.74	40000
1957	60.76	123.13	37.9	214.66	30.0	58.98	49000
1959	43.80	—					
1965	68.10	117.03	33.7	255.49	30.1	—	—
1970	63.04	122.07	37.2	225.72	30.5	82.24	71000
1977	90.84	117.14	26.1	214.66	33.6	204.37	248000

数据来源：《恩施州志（1885—1985）》，粮食作物包含谷物、大豆和薯类。

（2）社会子系统：社会事业有序发展

新中国成立后，全国医疗防疫水平普遍提高。1949年11月恩施地区最大的综合性医院——恩施地区人民医院建立，1950年各县人民医院建立，随后乡卫生所、村保健室、地县市卫生防疫站、妇幼保健所、传染病院等专科防治院相继建立，形成地、县、区、乡、村医疗防疫保健网。至1978年，全州共有各类卫生医疗结构352个，其中县级及以上医院17所，较新中国成立初期数量翻了1倍，万人拥有床位数与万人拥有卫生技术人员数较新中国成立初期分别提高23倍、7倍，医疗卫生水平有了显著提升。此外，卫生防疫工作也取得了重大突破，1954年起，全区无黑热病例报告，1956年天花在恩施地区绝迹，百日咳、猩红热、流感、肺炎、疟疾等传染性疾病得到有效防①。

新中国成立后，州政府迅速着手教育系统的恢复，对原有教育机构进行改造、整顿、充实教师队伍。1951年全州共有幼儿园、小学、普通中学数量共计884所，在校生数59090位，其中幼儿园在校生数仅40人，高中生在校

①　相较于1976年，20世纪80年代中期恩施地区多种传染性疾病发病率下降：流脑-88.88%，百日咳-95.03%，猩红热-85.48%，流感-38.92%，肝炎-50.7%，疟疾-90.13%。

生数仅89人，专任教师仅100余人；至1965年，全州幼儿园、小学及普通中学共有11368所，在校生数增长6倍，达到38万人，专任教师数16369位，整体教育水平有了显著的提升。除普通教育以外，恩施州职业教育也有了一定的发展，中等职业技术学校快速发展，且教学条件不断改善，招生人数由1951年的100人上升至1987年的1847人，毕业人数也有了大幅提升。"文化大革命"期间，正常的教学秩序被打破，地区农校与卫校停止招生6年，恩施地区教育遭到破坏。

表4-3　　　　新中国成立后恩施地区医疗水平基本情况　　　单位：个、人

年 份	县以上医院数	农村卫生院数	床位数	每万人拥有床位数	卫生技术人员数	每万人拥有卫技人数
1949	8	0	110	0.6	599	3.4
1952	8	0	312	1.6	1021	5.4
1957	8	3	1117	2.9	3217	15.3
1962	12	69	1635	6.1	3992	18.4
1965	12	67	1969	6.5	3903	16.7
1970	11	64	2930	7.1	6073	22.3
1977	14	162	4073	13.0	7130	24.0
1978	17	161	4449	14.1	7800	25.1

表4-4　　　　新中国成立后恩施地区教育机构基本情况　　　单位：个

年份	1951	1955	1960	1965	1975	1978
幼儿园数	1	13	27	26	22	20
小学数量	874	1554	2628	11271	6074	4363
普通中学数量	9	9	82	66	512	806
中等专业学校	2	2	17	5	13	22

注：根据《恩施州志（1885—1985）》整理。

新中国成立后，国家安定，社会进入有序的发展阶段，这为人口生产提供了优越的社会环境和经济条件。这一时期，人口发展经历了4个阶段。第一阶段（1950—1958年），为第一次人口增长的高峰，经过土地改革、三年经济恢复和国民经济的第一个五年计划，各项事业蓬勃发展，这一时期人口年均出生率32.23‰，年均死亡率12.14‰，年均自然增长率20.09‰；第二阶段（1959—1961年），为人口增长的低谷期，农村工作的政策失误及3年

自然灾害，使经济严重受损，粮食度幅度减产，年均人口死亡率达 21.08‰，人口自然增长率为 -13.64‰；第三阶段（1967—1971 年），为人口第二次增长高峰，经济社会发展政策的调整，使生产复苏，经济好转，1962 年人口自然增长率达到 35.17‰，"文化大革命"期间，生育政策放开，年均自然增长率约为 29.24‰；第四阶段（1971—1978 年），为增长速度持续下降，人口有计划增长阶段，这一阶段主要受"计划生育"基本国策影响，年均自然增长率降至 13.34‰。从人口素质角度来看，1964 年人口普查数据显示，恩施州文盲率为 57.46%，大学学历人口仅占 0.40%，人口文化素质有待提升。全州以农业生产为主，三次人口普查结果显示，恩施地区农村人口占比分别为 97.68%（1953 年）、95.66%（1964 年）、94.10%（1982 年）。从民族人口构成来看，1957 年国家民委到恩施调研，数据显示全区土家族人口约 63 万人，1979 年普选登记中少数民族人口达 140 万人，占比约为 44.37%。

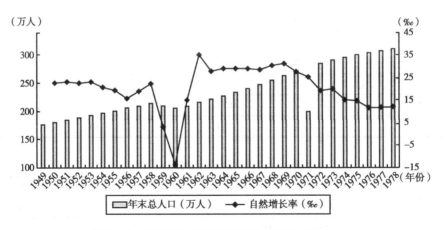

图 4-6 恩施州人口规模及变动（1949—1978 年）

注：根据《恩施州志（1885—1985）》整理。

（3）生态子系统：森林植被不断减少

明末清初，恩施山区尚属封闭型社会经济环境，自然资源开发利用极少，自然环境处于平衡状态。抗日战争时期，省政府及大量机关、学校迁入恩施，人员剧增且工矿交通企业兴办，煤及硫磺逐渐开采，竹林砍伐众多，对地区生态环境造成了破坏。

新中国成立后，"一五"计划时期，全州推广植树造林和封山育林，下达保护树令，发布《关于分配与严格保护森林的布告七条》的通知，作出加强山林保护工作指示，并出台"深采远购""节约用材""严禁乱砍滥伐、控制铲草皮"等措施，该时期内全州林地面积达1400万亩，森林储蓄量5200万立方米，州境仍保持着"林海"面貌；"二五"计划时期，1958年"大跃进""合作化""公社化"，大炼钢铁，大办食堂，山林乱砍滥伐，森林资源大量浪费，全州不完全统计有300万亩林地遭到不同程度的破坏，1959年各县成立"森工兵团"，砍树11万立方米，其中40%未运出烂在山间，1960年为扩大耕地面积，毁林开荒，仅恩施市开荒9万亩；"文化大革命"期间，各级党政机关瘫痪，乱砍滥伐、毁林开荒、毁林积肥等行为使森林资源再次遭到破坏；20世纪70年代初期，"割资本主义尾巴"，恩施地区内古树、大树等再遭砍伐，至1975年，全荒山达715.4万亩，全州森林覆盖率由20世纪50年代的55%下降到39.4%。由于森林资源的不断减少，恩施州域水土流失面积迅速扩大，20世纪80年代初，全州水土流失面积由50年代的1.1万平方千米增加至1.8万平方千米。清江平均输沙模数由20世纪50年代的每平方千米110吨，至70年代增加近3倍，达到437吨。[①]

综合来看，这一时期，面对百废待兴的局面，恩施州历经国民经济恢复、农业互助、"大跃进"、国民经济调整、"文化大革命"等时期，在计划经济管理体制下，开展了以恢复农业生产为目标的经济建设活动，尤其受土地改革、农业合作化等政策撬动，农业产量显著提升、基础薄弱的工业有所缓升、医疗与教育等社会事业逐步走入正轨，当地社会—生态系统内部各要素及组织结构发生变化。但受政策变动及冒进的经济发展目标设置，使农民生产积极性下降，州域社会经济发展陷于停滞，生态环境遭到较为严重的破坏。

4.2.2　1979—2000 年

（1）经济子系统：生产效率逐步提升，市场贸易日益活跃

1978年党的十一届三中全会以后，农业生产逐步加快，家庭联产承包责任制取得了明显的成效。这一时期，州政府制定"决不放松粮食生产，大力发展多种经济"的生产方针。粮食生产方面，加强基础设施建设，改革耕作制度，引进优良品种，提升栽培技术，有效提高了粮食的单位产量。如

[①]　数据来源：《恩施州志（1885—1985）》。

表 4－5 所示，这一时期虽然播种面积持续下降，但水稻、玉米总产量逐年提升，至 2000 年全州粮食总产量为 170.05 万吨，较 1980 年翻一番，农村人口温饱问题基本解决；经济作物方面，1986 年，州委、州政府决定建设商品生产基地促进资源优势转化为经济优势，启动茶叶、烟叶、柑橘等 5 大基地建设。1992 年建立 10 个农业综合开发试验区，推进农业结构调整，发展多种经济。1997 年确定以烟草、茶叶、畜牧、蔬菜为主导产业，两烟（烤烟、白肋烟）成为恩施州经济建设的支柱产业，同时大力培育龙头企业。至 2000 年全州主导产业产值约 25 亿元，占农业总产值的 62.5%，这一时期培育出湖北长友农、华龙茶叶、宏业魔芋等 30 多家龙头产业。

表 4－5　　　　　　　主要粮食及作物种植面积与产量统计表

年份	粮食总产量（万吨）	播种面积（千公顷）	水稻产量（万吨）	水稻种植面积（公顷）	玉米产量（万吨）	玉米种植面积（公顷）	茶叶产量（吨）	茶园面积（公顷）
1980	85.17	—	—	—	—	—	—	—
1985	126.82	426.74	37.25	75906	39.13	120700	3600	14320
1988	117.30	432.48	34.64	75193	32.54	120667	5764	21213
1991	116.49	452.69	34.08	74027	33.09	118433	7164	23450
1994	133.10	439.50	36.59	71670	39.75	117430	9223	27372
1997	156.02	440.75	43.03	72070	49.20	113470	12394	24912
2000	170.05	440.80	42.85	70700	54.62	116960	15469	24367

数据来源：《恩施州志（1983—2003）》。

工业方面，作为传统的农业地区，恩施州工业基础薄弱，改革开放后，恩施州一手抓国有企业改革，一手抓工业结构调整，大力培植卷烟、电力、医药化工、富硒绿色食品等产业，并把"工业化"作为发展恩施州域地方经济的重要举措，州工业快速发展。以卷烟为例，卷烟工业是该时期恩施州的支柱产业之一，恩施州成立（1983 年）之初，全州共有卷烟厂 9 家，县县有烟厂，"六五"期间，政府将建始、利川、恩施烟叶复烤厂确立为出口备货定点厂，于 1986 年首批出口 451 吨货物，填补了我国白肋烟打叶复烤出口空白，至 2000 年，恩施州累计复烤烟叶 33.65 万吨，实现工业产值 15.23 亿元[1]。

———————————

[1]　数据来源：《恩施州志（1983—2003）》。

党的十一届三中全会后，在"开放、改革、搞活"方针指导下，全州商业贸易形成以国营商业和供销社为主体，其他集体和个体为补充的多种经济成分，多渠道、少环节的商业新体系，流通规模不断扩大。至2000年，全州基本形成以民营商业和个体商业为主体的市场商业体系，网点遍布城乡，物资供应充分，自由贸易充分。数据显示，1999年全州共有个体工商户42070户，从业人员达到174063人，私营企业438户，从业人员12704人。2000年恩施地区国内生产总值为1209602万元，是1978年全州国内生产总值的20倍。1978年三大产业占比为66∶15∶19，农业主导地位突出；2000年三大产业占比为43∶29∶28，农业占比降幅明显，第二、三产业占比显著提升。①

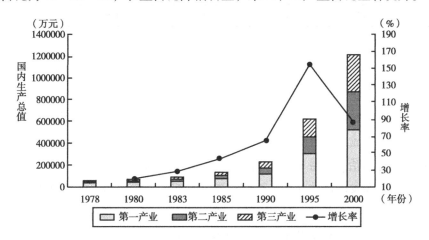

图4-7　恩施州国内生产总值构成及增长率（1978—2000年）

数据来源：《恩施州统计年鉴（2001）》。

（2）社会子系统：基本服务日臻齐备，城乡差距逐渐扩大

这一时期，恩施州医疗卫生体系逐步健全并得到全面发展，疾病预防控制体系、妇幼保健体系、医疗服务体系、卫生监督体系、医疗科研教育体系均已形成。数据显示（见表4-6），1980—2000年，恩施地区医疗水平稳步提高，卫生机构数量、技术人员、床位数等，均呈现不同幅度提升，截至21世纪初期，全州共有医院18家，卫生院88个，专科疾病防治院5个，疾病预防控制中心9个。此外，农村卫生条件与健康水平也不断提，1997年，全州普遍开始实施农村卫生组织"一体化"管理，着力发挥乡镇卫生院与村卫

① 　数据来源：《恩施州志（1983—2003）》《恩施州统计年鉴（2000）》。

生室的职能与作用，同时积极探索解决农村医疗保障的新模式，逐步发展建立以合作医疗为主要形式的农村医疗保障制度，使农村卫生条件与健康水平不断提高。

表4-6　　　　　1980—2000年恩施地区医疗水平基本情况　　　　单位：个

年份	卫生机构数	卫生技术人员数	医生数	卫生机构床位数	医院床位数
1980	361	8332	4289	5485	5398
1985	921	9503	3965	7396	6562
1990	1099	10315	4729	7861	6381
1995	1069	10767	4720	6625	5475
2000	945	10827	4829	7136	5481

数据来源：《恩施州统计年鉴（2001）》。

20世纪80年代初，州委、州政府提出"教育立州，科技兴州"的战略方针，教育事业逐步振兴。20世纪80年代至90年代初，教育事业发展主要关注教育格局的扩展，即由过去单纯普通中小学管理，向包括基础教育、职业技术教育、成人教育和高等教育在内的大教育格局转变。1995年，州人大通过《恩施自治州义务教育条例》，并作出《中共恩施州委、州人民政府关于教育改革和发展的决定》，各级教育主管部门一手抓普及，一手抓教育经费筹措以改善教学条件。21世纪初，全州九年义务教育基本普及，青壮年文盲基本扫除，普通高中及中等职业技术教育蓬勃发展，各类成人教育及高等教育兴旺发达。

中共十一届三中全会后，"控制人口数量，提高人口素质"为全州的重要工作任务之一。州内计划生育职能机构逐步健全，专业队伍不断充实，州、县、区、乡、村5级计划生育网络和服务网络初具规模，"晚婚、晚育、少生、优生、优育"的观念被越来越多的人接受。人口生产向"低生产、低死亡、低增长"转化。1979年全州年末总人口为315.52万人，1982年第三次人口普查总人口为325.16万人，1990年第四次人口普查为357.75万人，8年时间增加32.59万人，年均增长4.07万人；2000年第五次人口普查为377.52万人，10年时间增加19.78万人，年均增长不到2万人，人口自然增长率由1990年的10.85‰降低至2000年3.76‰。

随着生产力水平的大幅提升，州域人民生活水平不断提高。相较于前一阶段我国实行的计划经济体制以及该体制下的平均主义分配模式，改革开放后的市场经济体制，激励效应作用更加突出，工资和收入分配机制更加微观化、市场化，收入差距扩大成为必然。从全国国情来看，1984—1994 年，城镇居民可支配收入与农村居民纯收入比率直线上升，1995—1996 年农产品收购价格提高，城乡居民收入比率呈现短暂提升，之后又开始了新一轮的直线上升（李实，2018）。从恩施地区来看，1980 年城镇居民可支配收入与农村居民纯收入比率为 1.10，1985 年比率为 2.08，1990 年为 3.06，1995 年提高至 4.33，2000 年略有下降，比率为 3.70，由此可看出，恩施州城乡收入差距在不断拉大。对比州域农村与城镇居民消费水平的变化可知（见图 4－8），1978—2000 年城镇居民与农村居民消费水平比率整体呈不断提高的态势，最高值为 1990 年，相差 3 倍。总体而言，从城镇与农村居民的收入与消费情况，都可看出，这一时期城乡差距在不断扩大。

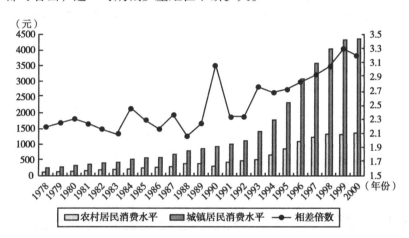

图 4－8　恩施州农村与城镇居民消费水平对比（1978—2000 年）

数据来源：《恩施州统计年鉴（2001）》。

（3）生态子系统：森林资源保护加强，环境污染问题突出

这一时期，州委州政府着手加强森林资源的保护与培育。通过多年的人工造林、飞播造林、封山育林、退耕还林等措施，恩施州森林覆盖率逐年提高，1999 年森林资源二类调查结果显示，全州活立木储积 3056.35 万立方米，较 1985 年森林二类调查结果（1835.66 万立方米）增长了 66.5%。为整治森林乱砍滥伐现象，1987 年鄂西州公安局设立林业公安科，以法律手段加大对森林的保护力度；为保护州境内野生动植物，1985 年州内成立野生动物保护协会，1995 年全州统一对野生动物的驯养繁殖、经营利用、狩猎和运输

实行许可证制度，配备野生动物管理员 9 人；20 世纪 80 年代全州开始建立自然保护区，1983 年全州仅有星斗山、木林子自然保护区，至 21 世纪初期全州建有各类自然保护区 37 个，保护区总面积 15.39 万公顷，占国土面积的 6.29%[①]。

1978 年恩施州（彼时称为恩施地区）成立恩施地区环境保护监测站，后划归至省环境监测中心，主要承担恩施城区环境空气质量监测、降水降尘监测、噪声监测；承担清江流经利川、恩施断面的水质监测以及全州污染源监督检测。这一时期，由于全州建设重心放于经济建设，地区环境污染问题突出。水污染方面，污染十分严重，以清江为例，1998 年清江水质监测的 13 个项目中，有 7 项指标超过国家规定的排放标准，主要污染源包括工业废水（每年有近 4000 万吨基本未做任何处理的污水直排入清江）、生活污水（1500 万吨直排），其他主要河流如溇水、贡水、西水河等均受到不同程度的污染；大气污染方面，恩施州属煤烟型污染，1985—2000 年全州年均生产、生活用煤量约 120 万吨，1992 年监测数据显示恩施市区空气中 SO_2 值超国家二级标准 1.8 倍，总悬浮颗粒物超国家二级标准 1.7 倍，当年市内酸雨检出率高达 79%。这一时期政府也开展了多项环境整治行动，如取缔、关闭国务院明令禁止 15 种小企业、实行排污申报与排污许可证制度等，1999 年较 1990 年相比，全州工业"工业三废"排放量除工业固定废弃物外，其他均有所下降（见表 4-7）。

表 4-7　1990—1999 年恩施州部分年份工业"三废"排放利用情况

项目	单位	1990 年	1995 年	1996 年	1997 年	1998 年	1999 年
工业废水年排放量	万吨	3940.13	2861.54	3070.59	1936.90	125.84	1537.76
工业废水处理量	万吨	100.02	1137	638.31	475.65	349.12	205.08
工业废气排放量	万标立方米	340987.86	396458	436682	425087	335154	325862
工业固体废弃物排放量	万吨	3.38	3.76	77.98	1.48	1.0	10.53
工业固废综合利用率	%	24.66	58	8	63	71.43	9.1

数据来源：《恩施州年鉴（1983—2003）》。

这一时期，伴随着农村土地制度、经济制度的一系列重大改革，生产关系发生变革，农业生产效率极大提高，粮食作物与经济作物产量大幅提

① 数据来源：《恩施州统计年鉴（2001）》。

升，州域人口温饱问题解决；农业结构有效调整，农业综合开发区建设有效推进，龙头企业逐步壮大；工业化进程加快，卷烟、电力、富硒食品等产业快速发展；商贸活力日渐，流通规模不断扩大，第二、三产业占比不断提高；医疗卫生、教育事业迈入新台阶；封山育林、退耕还林等生态保护措施的实施及自然保护区、野生动物保护协会的建立，有效提高了州域森林资源的保护与培育。但由于环境意识缺乏，以"经济建设"为重心的这一时期，恩施州水污染、大气污染等环境污染问题严重，对生态系统产生较大影响。

4.2.3　2001 年至今

（1）经济子系统：经济实力不断增强，旅游业成为主导

21 世纪以来，恩施州抢抓"西部大开发"、民族地区扶持、中部崛起、"一带一路"、长江经济带、精准扶贫等国家发展战略机遇，推进省委、省政府"两圈建设""616"对口支援工程等战略部署，实施"三州"战略①，走"特色开发、绿色繁荣、可持续发展"道路，恩施州国民经济建设步伐加快。2019 年全州国内生产总值达 1159.37 亿元，是 2001 年 123.53 亿元的 9.4 倍。其中全州第一产业生产总值增长了 2.39 倍，工业生产总值翻 10 倍，第三产业的生产总值（679 亿元）是 2001 年三产总值（40.62 亿元）的 16 倍（见图 4 - 9）。全州人均生产总值 2001 年仅 3249.58 元，2019 年达到 34259 元，相差近 10 倍。伴随着生态文化旅游业、绿色富硒产业等特色新型产业群的培育，恩施州二、三产业比重急速增长，2019 年全州三产比重为 15.6：25.8：56.6，2001 年三产比重为 43.2：23.9：32.9，其中第三产业比重提升23.7%②，州域产业结构由传统农业为主导的模式演变为以旅游业为代表的第三产业为主导的产业结构模式（见图 4 - 10）。

农业生产方面，2018 年全州农林牧渔业总产值为 302.83 亿元。从主要农产品产量来看（见图 4 - 11），21 世纪以来，粮食产量呈下降趋势，2018 年粮食年产量较 2000 年减产 23.36 万吨；2018 年烟叶产量 44748 吨，比2000 年烟叶产量的 98301 吨减产近 55%；2018 年茶叶产量达 10.73 万吨，茶

---

① "三州"战略指：生态立州、产业兴州、开放活州。
② 数据来源：2000—2019 年《恩施州志》。

园种植面积约为 149 万亩，茶叶产量较 2000 年（1.55 万吨）增加近 6 倍。统计数据显示，恩施州茶叶产业覆盖茶农 80 万人，人均茶叶年收入达 4085 元，茶叶对全州 300 余万农村常住居民人均可支配收入贡献额达 667 元。工业生产方面，21 世纪以来，恩施州重点对食品、烟草、能源、矿产、建材、医药等 6 个传统优势工业实施改造升级，力求突显六大支柱行业的规模优势，同时整合提升工业园区，加强品牌质量建设，着力培育产业集群。2018 年，全州工业总产值从 2000 年底的 42.61 亿元增长到 168.92 亿元，增长了 3.9 倍。

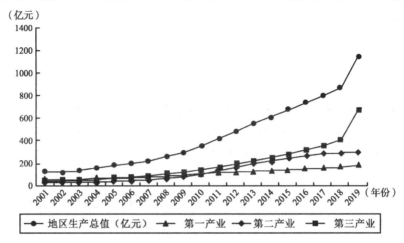

图 4-9　恩施州国内生产总值（2001—2019 年）

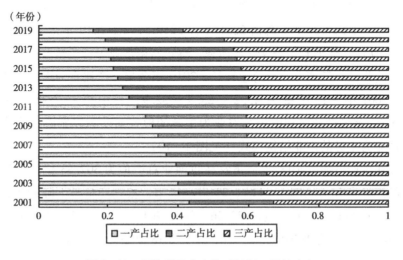

图 4-10　恩施州三产占比（2001—2019 年）

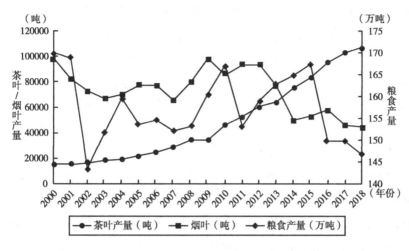

图 4 – 11　恩施州主要农业产品产量（2001—2018 年）

数据来源：2000—2018 年历年《恩施州统计年鉴》。

21 世纪以来，以旅游业为龙头的第三产业蓬勃发展。恩施州围绕全国知名生态文化旅游目的地的建设目标，将旅游业作为州域经济发展的引擎与抓手，当前旅游业已成为恩施州最具活力、竞争力的战略性主导产业。1989 年3 月，鄂西州旅游局成立，全州旅游产业进入起步阶段，丰富的自然人文奇观、多彩的民族文化、良好的生态环境、宜人的气候条件使恩施成为名副其实的旅游胜地。但 21 世纪之前，恩施州旅游业发展速度缓慢、旅游市场规模较小、旅游产品种类较少，主要有神农溪三日游、腾龙洞二日游、黄金洞一日游三条旅游线路，其余游览线路也主要作为"三峡游"的补充。统计数据显示，1996—2000 年恩施州共接待旅游人次数仅 215 万人次，而临近的重庆巫山县景点小三峡，2000 年一年的旅游接待人次就达到 200 万人次。从旅游接待服务设施来看，2000 年前恩施州仅有旅游定点酒店、招待所 5 处，各类旅游企业 10 余家①。总体来看，21 世纪之前恩施地区旅游业的发展处于较低的发展水平。

进入 21 世纪后，恩施州旅游业发展逐渐进入快车道。恩施州"十一五"规划纲要中，明确提出突破性发展旅游业，加快景区建设和旅游产业发展，

---

① 1989 年成立鄂西州旅行社；1990 年成立神农溪旅行社、腾龙洞旅行社；1991 年成立恩施州旅游商品产销公司；1992 年成立旅游车队、恩施市安达旅游服务公司、建始县西漂湾旅游总公司；1993 年成立恩施落仙旅游公司；1995 年龙鳞宫旅游有限公司；1997 年腾飞旅游公司。

使旅游业成为新的经济增长点；2008年湖北省"两圈"发展战略提出，恩施地区被列为"鄂西生态文化旅游圈"的核心板块；"十二五"规划纲要中，恩施州政府提出"将旅游业作为全州重要支柱产业"，努力将恩施建设成为鄂西圈的核心板块与全国知名的生态文化旅游目的地；"十三五"规划纲要明确提出旅游业为全州的战略性主导产业。政策驱动下，州域景区建设迅速展开，恩施大峡谷（2008年）、腾龙洞（2003年）、梭布垭（2000年）、坪坝营（2000年）、土司城（2002年）、恩施女儿城（2013年）等相继完成开发与升级建设，截至2019年，恩施州共有A级景区32处，其中5A级景区2个，4A级景区17个。2010年"两路"开通（沪渝高速宜昌—恩施段、宜万铁路），彻底唤醒了恩施地区"沉睡"的旅游资源，打破了区域发展的交通瓶颈。统计显示（见图4-12），2010年恩施州全年接待旅游人次突破1000万人次，旅游收入突破50亿元，此后恩施地区旅游业发展真正走上"高速"。"两路"通车后，仅用两年时间，恩施州旅游接待人次数翻一番，达到2000万人次；2016年旅游接待人次数突破4000万人次，之后3年恩施地区接待人次数成"千万"单位增长，至2019年恩施州全年接待旅游人次数达7000万人次，旅游收入达530.45亿元，是2005年旅游接待总收入的70倍。从旅游收入占GDP的比重来看，整体呈现"阶梯式"抬升特征，2018年全州旅游总收入占GDP比重高达53%。旅游业无疑已成为地区经济发展的主导产业。

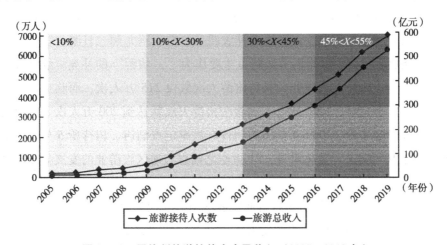

图4-12　恩施州旅游接待人次及收入（2005—2018年）

注：图中不同色块表示旅游收入占GDP比重的不同区间。

数据来源：2005—2019年历年《恩施州国民经济与社会发展统计公报》。

（2）社会子系统：社会事业不断进步，民计民生得到改善

进入 21 世纪后，州内民计民生不断改善，城市化水平不断提升，农村地区以新农村建设为载体，基础设施条件得到全面改善。统计数据显示（见图 4 - 13），恩施州城镇化率由 2000 年的 11.69% 增长到 2018 年的 44.86%。作为全国 14 个集中连片特困地区之一，州内聚焦精准扶贫施策，扶贫工作取得了重大进展。至 2019 年，全州贫困发生率下降至 0.23%，全州即将实现整体脱贫，农村生活条件得到极大改善（刘振芳，2020）。21 世纪以来，城乡居民可支配收入显著提高（见图 4 - 14），2018 年城镇居民可支配收入较 2002 年提高 4 倍，农村居民可支配收入提高 7 倍。

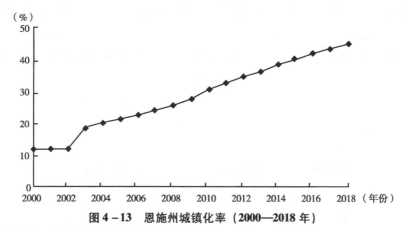

图 4 - 13　恩施州城镇化率（2000—2018 年）

数据来源：2000—2018 历年《恩施州统计年鉴》。

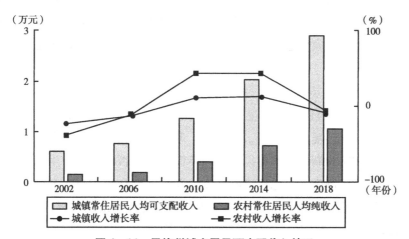

图 4 - 14　恩施州城乡居民可支配收入情况

数据来源：2000—2018 历年《恩施州统计年鉴》。

此外，恩施州基础设施建设不断加强，教育、医疗卫生等社会事业不断进步。交通建设方面，2010 年恩施州"两路"开通（沪渝高速宜昌—恩施段、宜万铁路），结束了恩施州无高速、无铁路的时代，长期以来制约全州经济社会发展的交通瓶颈得到明显改善。随着沪渝、宜巴、利万、恩来、恩黔、宜鹤、建恩高速的相继通车，全州实现县县通高速。此外，沥青水泥路实现 100% 行政村覆盖，100% 行政村实现客车通车。教育方面，21 世纪以来全州办学条件明显改善，教育水平明显提高，地方财政教育支出由 2005 年的 6.96 亿元猛增至 2018 年的 71.78 亿元；基础教育水平明显提高，小学适龄儿童入学率、巩固率均为 100%，初中 3 年巩固率 98%，初升高率达 91.1%；教育信息化进程加快，近千所学校接入互联网，近万间教室安装多媒体（徐光涛，2018）。医疗方面，21 世纪以来，市、乡（镇）、村医疗卫生服务网络逐步健全，截至 2018 年，全州拥有综合医院、专科医院共计 48 家，社区卫生服务中心、卫生院、村卫生室等基层医疗卫生机构 2876 个，疾控中心、妇幼保健院等专业公共卫生机构 21 个，全州各级医疗卫生机构共计 2954 个，较 2000 年增加医疗机构数 2000 个，医疗床位数较 2000 年翻 4 倍。

（3）生态子系统：生态建设不断突破，环境质量明显改善

21 世纪以来，在"生态立州""生态文明建设""绿水青山就是金山银山"等国家、州域重要发展精神的指导下，恩施州始终把生态作为发展的前提和基础，切实落实生态环境保护、污染防治攻坚、长江大保护，生态文明体制、生态环境质量、绿色产业发展等，均取得了显著成效。近年来，恩施州先后成功创建国家生态文明建设示范州、国家生态文明建设示范市、国家森林城市。

生态文明体制方面，2014 年恩施州出台《关于推进生态文明、建设美丽恩施的决定》，提出创建全国生态文明示范区。在这一政策决定推动下，恩施地区先后成立环境保护委员、"两山"基地创建领导小组，全面建立河长制、山长制和路长制，干部选拔任用的环保"一票否决"制、生态环境损害责任终身追究等制度。生态环境质量改善方面，2000 年全州在乡村推行"五改三建两"社会主义新农村建设模式①，有效改善了山区乡村的生活环境；

---

① "五改三建两提高"指的是改水、改路、改厕、改厨、改圈，建池、建家、建园和提高农村文明程度、提高基层组织战斗力。

退耕还林、森林抚育、天然林保护、绿满荆楚、长江防护林建设等重点生态工程成效显著,恩施州于 2016 年出台《恩施土家族苗族自治州山体保护条例》,将治山育山写入法规。《恩施州统计年鉴(2018)》中的统计数据显示,至 2018 年,全州共植树造林 222 万亩,全州森林覆盖率由 2000 年的 61.54% 提升至 2018 年的 73.63%;主要河流检测断面水质达标率为 100%;2018 年全州空气质量优良天数达 342 天。

4.3 景观格局视角下恩施州旅游地社会—生态系统干扰分析

恢复力强调系统发生稳态转换(Regime Shift)前所能承受的干扰大小(Walker,2004),因此对系统的"干扰"进行识别,是进行恢复力研究的重要前提。生态学中将"干扰"界定为:发生在一定地理位置上,对系统结构造成直接损伤的、非连续性的物理作用或事件(Pickett 等,1985)。景观被认为是社会—生态系统在地表的物质载体和表现形式(王俊等,2009),干扰推动着社会—生态系统的运行并塑造着景观,景观是干扰的直接反映(Zurlini G,2006)。因此,为更全面、直观的揭示 21 世纪以来恩施州旅游地社会—生态系统的扰动因素,本节对 3 个时间节点下(2000 年、2010 年、2018 年)研究区景观格局的演化进行分析,进而反馈得出影响山区旅游地社会—生态系统的关键扰动因素。

4.3.1 数据来源与研究方法

(1)数据来源

本书使用的多时期土地利用/土地覆盖数据来源于中国科学院资源环境科学数据中心(http://www.resdc.cn)。数据所使用的遥感信息源主要为 Landsat - MSS/TM/ETM 和 Landsat8 影像,在遥感图像的时相选择上,湖北地区主要选择 3 月上旬或 10 月下旬的无云图像,空间分辨率为 30 米。通过数据处理、拼接、矫正、裁剪等手段,提取出恩施州耕地、林地、草地、水域、建设用地与未利用土地的景观斑块数据并进行矢量化(见图 4-15)。

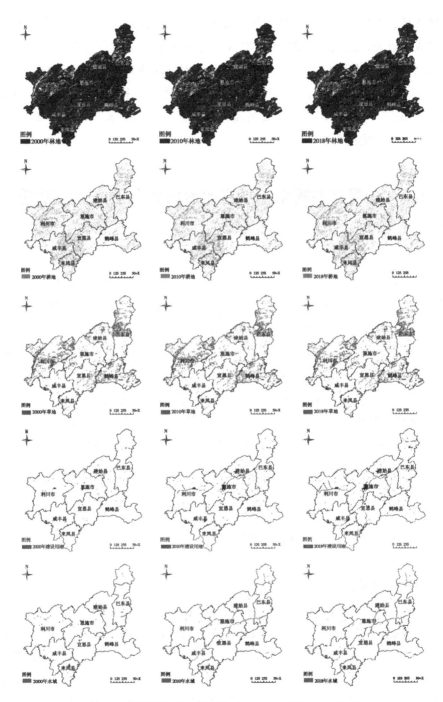

图 4 – 15　恩施州土地利用类型（2000 年、2010 年、2018 年）

注：地图来源于湖北省地理信息公共服务平台网站下载的标准地图［审图号：鄂州 S（2021）002 号］。

（2）景观格局指数

景观指数是指能够定量的描述、反映和监测区域景观格局的结构组成、空间配置及特征变化的定量指标（邬建国，2001）。景观指数主要包括斑块（Patch）、斑块类型（Type）、景观（Landscape）3 个层次上的碎片化、异质性和连通性等方面的指数（见表4－8）。通过 Fragstats 4.2 软件可计算得到景观指数，本书选用 NP/MPS/PD/ED 用于量化分析类型（Type）与景观（Landscape）层面的斑块构成情况；选用 LPI/LSI/FRAC 反映类型（Type）与景观（Landscape）的景观形态；选用 AI 反映不同土地利用类型与景观整体的集聚性与破碎性特征，选用 SHID 反映景观整体的多样性与破碎性特征。各指标计算公式及其生态学含义如表4－8所示。

表4－8 常用景观格局指数及其释义

景观指数	缩写	描述
斑块数	NP	景观中斑块的总数，取值范围：NP≥1，无上限
平均斑块面积	MPS	MPS = A/N，景观中所有斑块的总面积除以斑块数，取值范围：MPS > 0，无上限，反映景观破碎程度，较小的 MPS 比较大的 MPS 的景观更破碎
斑块密度	PD/PLAND	PD = N/A，每平方千米的斑块数，取值范围：PD > 0，无上限
边界密度	ED	ED = E/A，景观中所有斑块边界总长度除以景观总面积，取值范围：ED≥0，无上限，边缘密度越小，形状越简单，反之越复杂
最大斑块指数	LPI	LPI = $Max(a1, a2, \cdots, an)/A \times 100$，景观中最大斑块的面积除以景观总面积，取值范围：0≤LPI≤100，决定景观中的优势种类，反映人类活动方向和强弱
景观形状指数	LSI	LSI = $0.25E/\sqrt{A}$，景观中所有斑块边界总长度除以景观总面积的平方根，再乘以正方形矫正常数。取值范围：LSI≥1，无上限
分维数	FRAC	FRAC = $2\ln(P_{ij}/k) \div \ln a_{ij}$，取值范围为 1≤FRAC≤2，分维数大于 1 表示偏离欧几里得几何形状，当斑块形状极为复杂时，FRAC 趋向于 2
聚集指数	AI	衡量统一类型斑块的聚集程度，但其取值范围还收到类型总数及其均匀度的影响，取值范围：0 < AI≤100
多样性指数	SHDI	SHDI = $-\sum_{i=1}^{m} [P_i \ln(P_i)]$，每一斑块所占景观总面积的比例乘以其对数，然后求和，取负值；取值范围：SHDI≥0，无上限，反映景观中斑块类型的复杂性和变异性，SHDI = 0 表明整个景观仅由一个斑块组成

4.3.2 景观格局演变分析

（1）类型水平景观格局演变

运用 Fragstats 4.2 软件，得到恩施州不同土地利用类型的景观指数（见表 4-9）。由图 4-15 可以看出，2000—2018 年，恩施地区仍保持着以林地为基质的景观特征，但各土地利用类型的景观特征均发生了不同程度的变化。

表 4-9　　　　　　　　恩施州 2000 年、2010 年、2018 年
不同土地利用类型的景观指数

类型	年份	NP	MPS	PLAND	ED	LPI	LSI	FRAC	AI
耕地	2000	17464	18.14	13.17	21.3796	0.2239	229.13	1.4542	87.8339
	2010	16364	18.96	12.89	21.3779	0.219	231.44	1.4984	87.579
	2018	16453	18.79	12.86	21.6488	0.2135	234.88	1.5082	87.3721
林地	2000	915	2031.53	77.26	25.5022	70.496	115.02	1.3221	97.4904
	2010	980	1892.93	77.10	26.1154	70.3295	117.82	1.3411	97.4261
	2018	1176	1574.78	77.00	26.5685	70.1514	120.67	1.318	97.3612
草地	2000	1828	122.75	9.33	7.6430	0.6967	98.79	1.3814	93.8028
	2010	1766	124.30	9.12	7.6603	0.6037	99.95	1.3979	93.6593
	2018	1792	121.75	9.07	7.7330	0.5826	101.44	1.4036	93.5446
水域	2000	145	19.41	0.12	0.1737	0.0495	21.12	1.399	88.5489
	2010	156	83.11	0.54	0.6514	0.242	35.18	1.497	90.96
	2018	151	85.94	0.54	0.6562	0.2419	35.62	1.5053	90.8527
建筑用地	2000	173	17.75	0.13	0.1658	0.0255	17.97	1.4001	90.7469
	2010	397	20.57	0.34	0.5489	0.0331	36.54	1.6025	88.1551
	2018	621	20.37	0.53	0.9943	0.0456	53.31	1.6806	86.0057

根据表 4-9，2000—2018 年，耕地的边界密度（ED）呈现先减小后增加的趋势，景观形状指数（LSI）与分维数（FRAC）呈现增加趋势，而集聚指数（AI）呈现减少趋势，表明耕地景观斑块破碎化现象加剧，但总体来看，受国家耕地保护政策约束，恩施州耕地景观变动整体不大。

2000—2018 年研究区林地斑块数量（NP）明显提升，平均斑块面积（MPS）显著下降，斑块密度（PLAND）变化较小，基本持平，这反映了研究区林地景观呈现出破碎化现象。从斑块边界密度（ED）来看，随着斑块数

量的增加，ED 也同样呈现增加趋势，这表明斑块之间的相互隔离程度增加。从景观的结构复杂性来看，最大斑块指数（LPI）下降，景观形状指数（LSI）提升，两者从不同方面反映了景观中斑块形状的复杂化趋势，但由于退耕还林、天保工程等森林保护工程的实施，总体来看，林地破碎化得到有效控制，各项指标变动较小。

2000—2018 年，草地斑块数量（NP）减少，斑块密度（PLAND）降低而边界密度（ED）提高，最大斑块指数（LPI）下降，景观形状指数（LSI）与分维数（FRAC）提高，草地景观集聚度下降，均表明 20 年来城市化发展过程中，恩施地区草地景观破碎化与复杂化加剧，且景观集聚度下降。

2000—2010 年，恩施地区水域变动较大，斑块数量（NP）平均斑块面积（MPS）提升，表明十年来水域破碎化现象减弱，随着斑块数量的提升，斑块密度（PD）与边界密度（ED）明显提高，景观形状指数（LSI）表明景观复杂程度变动较小，集聚指数（AI）表明斑块间自然连通度保持良好。整体来看，2010—2018 年，水域景观变动较小，表明州内水域景观较为稳定，受到人类活动的干预较少。

建筑用地是 21 世纪以来恩施地区景观中面积（CA）和斑块数量（NP）变化幅度最大的斑块类型。根据表 4-9、图 4-15，2000—2018 年，恩施地区建筑用地斑块面积（CA）增加了 3 倍，斑块数量（NP）提高了 2.5 倍，同时平均斑块面积（MPS）也在增加，表明"产业兴州""城镇化"推动下，州内建筑用地面积不断扩大；斑块密度（PLAND）与边界密度（ED）随区域城市化发展而集聚增加，分维指数（FRAC）呈增加趋势，集聚指数（AI）呈降低趋势，这反映了建筑用地景观的破碎化程度和斑块相互之间的隔离程度大大增加。

（2）景观水平景观格局演变

利用 Fragstats 4.2 软件，得到恩施州不同时期的景观指数（见表 4-10）。根据表 4-10，各景观指数变化不大，未出现"量级"类的数据变化。具体来看：恩施地区景观斑块数（NP）呈现先下降（2000—2010 年）后提升（2010—2018 年）的变化特征；受其影响，平均斑块面积（MPS）呈现先增加后下降的趋势，但整体来看，研究区 2000—2018 年斑块数量与斑块密度减小，平均斑块面积增加，但降幅与增幅均较小；边界密度（ED）在两个时间段均呈增加态势，表明随着地区发展，恩施州景观破碎化程度与斑块之间隔离程度增加；随着景观的破碎化趋势，最大斑块指数（LPI）不断减小；从景观的结构复杂性来看，景观形状指数（LSI）与分维指数（FRAC）在2000—2018年明显增加，反映了景观中斑块形状的复杂化趋势；斑块集聚度指数（AI）在3个时间节点下呈现出下降趋势，表明这一时期内恩施州景观集聚度下降；多样性指数（SHDI）呈上升趋势，表明斑块类型丰富，且朝着均衡化方向发展。

表 4 – 10 恩施州 2000 年、2010 年、2018 年景观特征指数

年份	NP	MPS	PD	ED	LPI	LSI	FRAC	AI	SHDI
2000	20528	117.2050	0.8532	27.4330	70.4960	109.4216	1.4156	95.8557	0.7040
2010	19667	122.3367	0.8174	28.1784	70.3295	112.2367	1.4501	95.7463	0.7307
2018	20197	119.0768	0.8398	28.8017	70.1514	115.5214	1.4567	95.6357	0.7386

4.3.3 恩施州旅游地社会—生态系统干扰因素分析

恩施州景观格局特征的变化是多因素共同作用的结果。山地地区相较于其他地区，其地形变化复杂，物质与能量交换受多因素影响，其生态环境具有一定的独特性（杜腾飞等，2020）；随着州域经济结构的调整，旅游业为主导的恩施州，旅游活动成为该旅游地人地关系地域系统的主要干扰（陈娅玲，2013）；重大生态保护政策与区域发展政策，对地区人类活动起到干预效果，在景观格局形成中起着重要作用；近年来全球性扰动越来越受到人们的关注。基于前文对恩施州 2000 年以来社会—生态系统演变特征及景观格局演化分析，本书尝试对推动山区旅游地社会—生态系统的干扰因素识别（见图 4 – 16）。

一是，自然环境因素。地形等自然因素很大程度上决定了恩施地区林地为主的景观基底，同时也深刻制约区域的生产、生活方式。同时，地形坡度因素与气温、降水等自然因素共同作用下，形成高风险自然灾害事件，如滑坡、泥石流、洪涝等，成为影响山区旅游地社会—生态系统的扰动事件。

二是，社会经济因素。随着区域社会经济发展，恩施州城镇化步伐加快，地区人口数量不断增加，这直接影响了区域居住用地与基础设施用地需求量的增加，进而影响区域整体景观格局变化。随着旅游业主导作用的

加强，旅游活动成为区域重要的扰动因素，2019 年全州旅游接地人次数是当地常住人口的 20 倍，蓬勃发展的旅游业所带来的资源开发与保护、游客涌入、旅游社区发展、农户生计转型等问题，成为旅游地社会—生态系统的重要扰动因素。

三是，政策因素。重大生态保护政策，对区域景观格局的形成有着强制性影响，成为人类活动的"底线"要求，并可以在短期内引起区域社会—生态系统内部结构产生剧烈变化（李秀芬等，2014）。退耕还林、天然林保护等工程的实施，有效遏制了林地与耕地的衰退与建筑用地的急剧扩张。

四是，全球性危机。进入 21 世纪以来，人类活动与地理环境交互作用导致的全球性危机不断增多，并对人类活动造成越来越大的影响。极端天气、流行性公共卫生疾病、金融危机等对旅游地社会—生态系统的干扰越来越强。

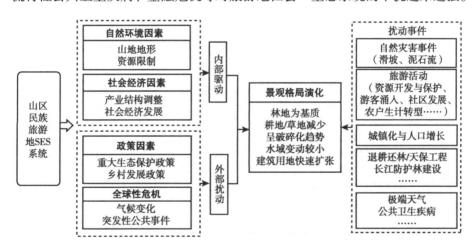

图 4 - 16　恩施州旅游地景观格局视角下扰动因素及驱动

4.4　本章小结

本章依据恩施州地方志、统计年鉴、政府工作报告、国民经济发展纲要等社会经济发展资料及实地调研访谈资料，基于经济体制转变及州域社会经济发展差异等视角，以新中国成立（1949 年）、改革开放（1978 年）、21 世纪（2000 年）为时间分割点，对恩施州经济系统、社会系统及生态系统的演化过程及特征进行梳理、归纳（见表 4 - 11），以期能够较为系统的反映新中国成立以来恩施州人地系统的演变过程及特征。

表 4 - 11　　　　　　　　　　恩施州社会—生态系统演变特征

阶段	社会背景及历史事件	特征与表现		
		经济子系统	社会子系统	生态子系统
1949—1978 年	土地革命；国民经济恢复；农业合作化；"大跃进"；国民经济调整；"三年困难时期"；"文化大革命"	工农生产逐步复苏能源工业（煤炭）产值翻倍；农田基本建设与农业技术改革开展，粮食产量翻倍	社会事业有序恢复医疗设施数量、基础教育设施数量提高；人口总数总体持续增长；人口素质有待提升	生态环境受到破坏，森林覆盖率下降，水土流失面积增加
1978—2000 年	农村经济体制改革；城市经济体制改革；绝不放松粮食生产；大力发展多种经济	粮食产量提高，温饱问题解决，卷烟、电力等产业快速发展，第二、三产业占比提升	医疗、教育等基础服务日臻齐全，城乡消费水平差距显著	森林覆盖率逐年提升，工业废水与生活污水污染严重，煤烟型大气污染严峻
2000 年至今	国家：西部大开发/退耕还林/民族地区扶持/中部崛起/精准扶贫；湖北省"两圈"战略；恩施市"三州"战略	第二、三产业比重显著提升，旅游业占比过半	贫困发生率下降，医疗、教育、交通等基础设施与社会公共服务建设不断加强，民计民生得到改善	生态建设不断突破环境质量明显改善

1949—1978 年：这一时期，恩施州历经国民经济恢复、农业互助、"大跃进"、国民经济调整、"文化大革命"等时期，在计划经济管理体制下，开展了以恢复农业生产为目标的经济建设活动，尤其受土地改革、农业合作化等政策撬动，工农生产逐步复苏，医疗、教育等社会事业有序发展，但后期受政策变动及冒进的经济发展目标设置，人民生产积极性下降，社会经济处于停滞，生态环境遭到破坏。

改革开放后至 20 世纪末：农村土地制度、经济制度的变革，使州域农业生产效率极大提高，州域温饱问题解决，工业化进程加快，商贸活力日渐充沛，第二、三产业比例不断提高。但受制于环保意识的欠缺，州域环境污染问题较为严重。

2000 年至今：经过长期对州域发展道路的探索，旅游业成为全州最具活力与竞争力的主导产业，伴随着生态文化旅游业、绿色富硒产业等特色新型产业群的培育，州域第二、三产业比重急速增长，社会贫困发生率大幅下降，民计民生得到极大改善。此外，"环境底线"思维逐渐树立，生态环境得到极大改善。

通过对州域景观格局的分析发现，恩施州整体仍保持着以林地为基质的景观特征，但州域景观整体破碎化、复杂化趋势明显，景观集聚度下降；从土地利用类别来看，建筑用地斑块数量与面积大幅提高，表明进入 21 世纪以来，人类活动对州域景观的影响较大；综合景观的格局变动情况，本章从自然环境、社会经济、政策、全球性危机 4 个方面，总结了恩施州旅游地社会—生态系统的主要干扰因素。

第5章

县域尺度下恩施州旅游地社会—生态系统恢复力测度及影响机理

对旅游地社会—生态系统恢复力进行定量化测量，是恢复力思想指导实践的具体运用。本章聚焦恩施州 8 个县级行政单元，从脆弱性与应对能力视角，构建旅游地社会—生态系统恢复力评价指标体系，选取 2000 年、2010 年、2018 年 3 个时间截点，定量表征、衡量不同时间截点下恩施州各县域旅游地社会—生态系统的恢复力，并在此基础上识别县域恢复力的影响因素。

5.1　研究思路

"事物皆在变化"是恢复力思想的核心，即社会—生态系统是在变化中持续调整的复杂系统。第 4 章对州域社会—生态系统演变特征及干扰的分析，表明恩施州外部宏观环境与内部发展条件复杂，社会—生态系统处于动态变化之中，且受到多变量的共同作用。盆球模型表明，当外部干扰超过阈值时，系统会发生稳态变化，进入到新的理想或崩溃状态中。尽管系统受到多变量的影响，但驱动系统持续稳定运行一般取决于若干个关键变量（Pimm，1983）。

旅游地社会—生态系统恢复力大小取决于系统不稳定因子与系统抵抗性因子的相互作用结果，两者相互对立，前者一般用脆弱性因子来衡量，后者通过应对能力来衡量。当外部扰动导致不稳定因素的作用高于系统自身抗性时，扰动带来的要素变化将跨越阈值，使系统脱离初始稳态，且这一过程往往不可逆（见图 5 − 1）。

结合系统稳态转换及相关学者研究经验（王群，2015；马学成，2019），并结合恩施州的现实发展，本书从脆弱性与应对能力两个维度，构建包含社会、经济、生态子系统的县域尺度恩施州旅游地社会—生态系统恢复力评价指标体系，对不同时期旅游地社会—生态系统恢复力进行测量。

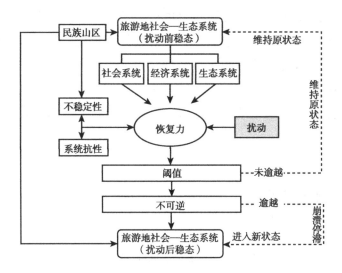

图 5-1　旅游地社会—生态系统状态转换模型

注：本图根据 Sonia Akte 等（2013）研究修改得到。

5.2　指标体系构建

5.2.1　目标与功能

在明确旅游地社会—生态系统恢复力概念内涵、基本构成和主要特征的基础上，借鉴地理学、旅游学、生态学等学科的相关理论，紧扣恩施地区的现实发展情况，探索制定县域尺度下恩施地区社会—生态系统恢复力测度指标体系。通过指标体系的构建，旨在实现对恩施地区8个县市社会—生态系统恢复力的全面评价与比较分析，判明区域社会—生态系统恢复力的影响因素，进而探究其内在动力机理，为推动恩施地区可持续发展与提高系统恢复力提供思路与帮助。

5.2.2　构建原则

（1）系统全面原则

旅游地社会—生态系统是由若干子系统构成的复杂系统，指标体系的构建不仅要全面反映系统恢复力的综合水平，同时也要深入刻画各个子系统的特征。就指标体系而言，所选取的指标应当实现对系统内各要素特征的有效反映，将系统整体与子系统局部协调统一起来，层层推进，客观、全面地反映县域社会—生态系统的恢复力水平。

（2）科学主导原则

指标体系的构建，需要建立在对脆弱性、应对能力、恢复力等概念内涵的深入理解之上，严格遵循社会—生态系统、恢复力等相关理论进行指标筛选。具有复杂多稳态机制的社会—生态系统，影响其表现的因素多样繁杂，在实际测度中，应当把握社会、经济、生态环境等方面的关键因子，建立以关键因子为主导的指标体系，力争测度指标更具代表性与精准性。

（3）动态针对原则

旅游地社会—生态系统其内部要素与外部干扰因素处于不断演化的动态变化中，不同地域与空间尺度下的研究区域存在着不同的影响系统的因子。在对旅游地社会—生态系统恢复力的测度中，应从动态角度把握区域恢复力影响的变化趋势，结合研究区的特殊性，避免指标体系构建的笼统化、粗泛化，有效揭示研究区旅游地社会—生态系统恢复力在时间序列上的演化过程与特征。

（4）可量可行原则

指标的选取应当考虑数据的获取性与可测量性，应充分利用各种权威机构发布的文本、地图、统计资料等，设置权威可靠、易量化、易获取的指标因子，保障研究与量化测度工作的可行性，使测度具有实际应用价值。

5.2.3 指标筛选与说明

在明晰研究思路基础上，综合考虑指标体系构建目标与原则，借鉴已有研究经验，结合研究区实际情况，本书从脆弱性与应对能力两个方面，分别选取恩施州旅游地三大子系统（社会子系统、经济子系统、生态子系统）的代表性指标，构建县域尺度下恩施州旅游地社会—生态系统恢复力评价指标体系。经过筛选，本书最终共选取30项评价指标（见表5-1）。

目标层	准则层 I	准则层 II	指标层	单位	向性	指标描述
恩施州县域旅游地社会—生态系统恢复力	脆弱性	社会子系统	X_1 人口自然增长率	%	−	反映区域人口增速与趋势
			X_2 外来人口迁入率	%	−	反映外来人口对区域带来的冲击
			X_3 旅游者与居民比	%	+	反映区域旅游地社会系统人口结构
			X_4 非农人口比重	%	+	反映系统发展过程中城镇化水平
			X_5 等级公路里程数	km	+	反映区域交通通达性
			X_6 城镇登记失业率	%	−	反映区域稳定性
			X_7 万人在校高中生数	人	+	反映系统学习及创新能力
		经济子系统	X_8 旅游总收入	万元	+	反映区域旅游经济效益
			X_9 旅游收入占 GDP 比重	%	+	反映区域经济多样性
			X_{10} 旅游接待人次数	万人次	+	反映区域旅游发展规模
			X_{11} 年末实有茶园种植面积	公顷	+	反映区域内主要经济作物种植规模
			X_{12} 社会消费品零售总额	万元	+	反映区域经济消费能力
		生态子系统	X_{13} 人口密度	万人/km²	+	反映区域土地承载的人口压力
			X_{14} 植被覆盖率	%	+	反映区域生态平衡状况
			X_{15} 优良天数占比	%	+	反映区域空气质量水平
			X_{16} 景观格局指数	—	−	反映区域土地利用类型的景观结构
			X_{17} 有效灌溉面积	千公顷	+	反映农业生产的水利化程度
			X_{18} 农业化肥用量	吨	+	反映区域农业生态环境安全水平
			X_{19} >25 度耕地面积比重	%	+	反映系统资源供给功能和生态建设支持性
	应对能力	社会子系统	X_{20} 社会保障和就业支出	万元	+	衡量区域抵御风险的能力
			X_{21} 医疗机构床位数	个	+	衡量系统医疗支撑力度
			X_{22} 地方财政支出	万元	+	衡量区域社会财政支出力度
			X_{23} 金融机构存款余额	万元	+	衡量社会存储状况

续表

目标层	准则层Ⅰ	准则层Ⅱ	指标层	单位	向性	指标描述
恩施州县域旅游地社会—生态系统恢复力	应对能力	经济子系统	X_{24}财政总收入	万元	+	衡量地方政府经济实力
			X_{25}经济密度	万元/km²	+	衡量区域经济发展程度
			X_{26}GDP	万元	+	衡量区域社会经济发展水平
			X_{27}年末居民存款余额	万元	+	衡量居民储蓄水平与经济条件
		生态子系统	X_{28}生活垃圾无害化处理率	%	+	衡量区域环境治理水平
			X_{29}生活污水无害化处理率	%	+	衡量区域水资源治理水平
			X_{30}人工造林面积	公顷	+	衡量区域人工恢复生态环境的能力

注："+""-"表示该指标与系统恢复力呈正、负相关关系。

"脆弱性"共选取指标19项，其中：

反映社会子系统脆弱性的指标7项，主要从旅游地社会—生态系统的人口数量与结构（X_1、X_2、X_3）、城镇化水平（X_4）、社会就业（X_6）、教育水平（X_7）等角度考虑，此外交通条件一直以来都是恩施地区发展的瓶颈，因此在脆弱性指标中加入相应指标（X_5）。

反映经济子系统脆弱性的指标5项，选用旅游总收入（X_8）、旅游收入占比（X_9）、旅游接待人次数（X_{10}）表征县域旅游地经济系统的特性；同时州域以茶叶为主的特色农业蓬勃发展，故选取年末茶园种植面积（X_{11}），反映县域主要经济作物种植规模。

反映生态子系统脆弱性的指标7项，用于表征各县域生态子系统的不稳定特征，主要涉及各县域土地承载情况（X_{13}）、植被（X_{14}）、空气（X_{15}）、农业生产条件（X_{17}、X_{18}、X_{19}）等，其中景观格局指数（X_{16}）借鉴前人研究成果（张芸香等，2001；钱大文，2015），选取景观层面（Landscape）斑块密度（PD）、景观形状指数（LSI）和香浓多样性指数（SHDI）的均值表征。

"应对能力"共选取指标11项，其中：

社会子系统应对能力指标4项，主要包括社会保障（X_{20}）、医疗（X_{21}）

等社会基本公共服务，地方财政支出（X_{22}）与金融机构存款余额（X_{23}）分别用于衡量县域政府财政能力与社会存储状况。

经济子系统应对能力指标共 4 项，进入 21 世纪后，旅游业成为恩施地区发展的主导产业，旅游活动成为地区社会—生态系统的主要干扰因素，因此应对能力方面，从县域整体经济应对能力（X_{24}、X_{26}）与单位经济应对能力（X_{25}、X_{27}）反映。

生态子系统应对能力方面，从环境治理与生态修复能力角度出发，共选取指标 3 项。具体各指标含义详见表 5 – 1。

5.3 数据处理与研究方法

5.3.1 数据标准化处理

恢复力测度指标体系中，各指标的属性意义各不相同，导致各指标具有不同的衡量维度，因此需要对原始数据进行标准化处理。本书运用极差标准化方法，对不同单位与量级的数据进行处理，解决因量纲差异所致的不可共度性问题，计算公式如下（王维，2017）：

$$正向指标：X'_{ij} = \frac{X_{ij} - \min(X_{1j}, X_{2j}, \cdots, X_{nj})}{\max(X_{1j}, X_{2j}, \cdots, X_{nj}) - \min(X_{1j}, X_{2j}, \cdots, X_{nj})} \qquad (5-1)$$

$$负向指标：X'_{ij} = \frac{\max(X_{1j}, X_{2j}, \cdots, X_{nj}) - X_{ij}}{\max(X_{1j}, X_{2j}, \cdots, X_{nj}) - \min(X_{1j}, X_{2j}, \cdots, X_{nj})} \qquad (5-2)$$

式中，X_{ij} 为第 i 个地区第 j 个指标的数值，其中 $i = 1,2,\cdots,n$；$j = 1,2,\cdots,m$，$\max(X_{ij})$ 与 $\min(X_{ij})$ 分别表示该项指标的最大值与最小值，X'_{ij} 为标准化值。

5.3.2 权重确定

当前确定指标权重的方法主要包括主观赋值法与客观赋值法，主观赋权法主要包括层次分析法、专家打分法等，其指标权重的确定主要是根据评价者个人主观认知确定；客观赋权法主要包括熵值法、因子分析法等，其指标权重的确定主要根据各指标原始数据所提供的信息量或联系强度来确定权重。为使结果更具客观性，本章节选用熵值法来确定权重。"熵"这一概念来源于物理学中的热力学，现已被广泛应用于社会经济等研究领域（乔家君，2004），"熵"用于反映系统混乱程度，数据的离散程度越大，其信息熵越小，权重也越大，反之权重越小。运用熵值法确定权重，可以有效克服主观赋权的随机性问题，且能够解决多指标变量间信息的重叠问题（王富喜等，2013），计算步骤如下：

（1）对标准化后的数值平移

$$Z_{ij} = X'_{ij} + A \tag{5-3}$$

式中，Z_{ij}是平移后的数值，A为平移幅度，此处可选择 0.01。

（2）计算第 j 项指标里第 i 地区所占的比例

$$P_{ij} = \frac{Z_{ij}}{\sum\limits_{i=1}^{n} Z_{ij}} , (i=1,2,\cdots,n, j=1,2,\cdots,m) \tag{5-4}$$

（3）计算第 j 项指标的熵值

$$e_j = -k \sum_{i=1}^{n} P_{ij} \ln(P_{ij}) \tag{5-5}$$

式中，$k>0$，$k=1/\ln(n)$，$e_j \geqslant 0$。

（4）计算第 j 项指标的差异系统（g_j）

$$g_j = 1 - e_j \tag{5-6}$$

（5）计算第 j 项指标的权重：

$$W_j = g_j \Big/ \sum_{j=1}^{m} g_j \ (j=1,2,\cdots,m) \tag{5-7}$$

根据熵值法计算公式，得到 2000 年、2010 年、2018 年 30 项恢复力评价指标的权重（见表 5-2）。

表 5-2　　　　县域尺度下恢复力测度指标权重系数

指标	2000 年	2010 年	2018 年	指标	2000 年	2010 年	2018 年
X_1人口自然增长率	0.0194	0.0263	0.0244	X_7万人在校高中生数	0.0205	0.0230	0.0201
X_2外来人口迁入率	0.0126	0.0145	0.0282	X_8旅游总收入	0.0608	0.0495	0.0522
X_3旅游者与居民比	0.0350	0.0310	0.0326	X_9旅游收入占 GDP 比重	0.0245	0.0223	0.0283
X_4非农人口比重	0.0471	0.0434	0.0457	X_{10}旅游接待人次数	0.0467	0.0419	0.0480
X_5等级公路里程数	0.0479	0.0199	0.0198	X_{11}年末实有茶园种植面积	0.0309	0.0347	0.0272
X_6城镇登记失业率	0.0238	0.0395	0.0290	X_{12}社会消费品零售总额	0.0316	0.0497	0.0475

续表

指标	2000 年	2010 年	2018 年	指标	2000 年	2010 年	2018 年
X_{13}人口密度	0.0215	0.0234	0.0237	X_{22}地方财政支出	0.0405	0.0449	0.0371
X_{14}植被覆盖率	0.0154	0.0147	0.0153	X_{23}金融该机构存款余额	0.0706	0.0666	0.0572
X_{15}优良天数占比	0.0124	0.0131	0.0190	X_{24}财政总收入	0.0463	0.0320	0.0475
X_{16}景观格局指数	0.0152	0.0153	0.0155	X_{25}经济密度	0.0229	0.0282	0.0293
X_{17}有效灌溉面积	0.0472	0.0471	0.0382	X_{26}GDP	0.0312	0.0424	0.0422
X_{18}农业化肥用量	0.0347	0.0168	0.0251	X_{27}年末居民存款余额	0.0404	0.0449	0.0473
X_{19}>25 度耕地面积比重	0.0271	0.0357	0.0487	X_{28}生活垃圾无害化处理率	0.0154	0.0144	0.0499
X_{20}社会保障和就业支出	0.0258	0.0689	0.0241	X_{29}生活污水无害化处理率	0.0332	0.0211	0.0154
X_{21}医疗机构床位数	0.0329	0.0340	0.0394	X_{30}人工造林面积	0.0665	0.0405	0.0221

5.3.3 集对分析法

本书引入集对分析法对旅游地社会—生态系统恢复力进行测度。集对分析法（Set Pair Analysis）由我国学者赵克勤提出（2000），其核心思想是将系统内确定性与不确定性予以辩证分析与数学处理，该方法已被广泛应用于政治、经济、社会等各个研究领域。旅游地社会—生态系统恢复力是若干子系统的脆弱性与应对能力相互作用的结果，各指标对系统恢复力的影响具有不确定性，而集对分析体现了确定与不确定系统的对立统一关系，同时还具有数学表达简单、物理意义明确等优点（苏美蓉等，2006），因此本书采用集对分析法对恩施地区社会—生态系统恢复力进行测度。其基本思路与计算步骤如下：

（1）基本思路

集对分析是将确定性分为"同一"与"对立"两个方面，将不确定性称为"差异"，从同、异、反三个方面分析事物及其系统。根据问题 W 的需要，对集合 A 和集合 B 所组成的集对 H 进行分析，在不考虑权重的情况下，用公式（5-8）来刻画两个集合的联系度：

$$\mu = \frac{S}{N} + \frac{F}{N}i + \frac{P}{N}j \qquad (5-8)$$

式中，μ 表示联系度，N 表示集对特性综述，S 表示集对相同的特性数，P 表示集对相反的特性数，F 表示集对中既不相同又不相反的特性数，S/N 表示同一度，F/N 表示差异度，P/N 表示对立度，其中 $F = N - S - P$，i 表示差异度标示数，一般 $i \in [-1,1]$，j 表示对立度标示数，一般 $j = -1$。为了方便起见，通常将公式简化为：

$$\mu = a + bi + cj \tag{5-9}$$

（2）构造恢复力评价矩阵

根据集对分析法的基本思路，设多属性评价问题 $Q = \{S,M,H\}$，其中 $S = \{S_k\}$ $(k = 1,2,\cdots,i)$ 为评价行政区域集；$M = \{M_r\}$ 为指标集 $(r = 1, 2,\cdots,i)$，记正向型指标为 M_1，负向型指标为 M_2，m_r 为第 r 个指标，则关于问题 Q 的集对矩阵 $H = (H_{kr})t \times n$，H_{kr} 为行政区域 S_k 关于指标 m_r 的属性值。

（3）确定最优与最劣评价集

在各评价指标中选择最佳评价指标构成最优评价集 $U = \{u_1,u_2,\cdots,u_n\}$，各评价指标中最劣值构成最劣评价集 $V = \{v_1,v_2,\cdots,v_n\}$，其中 u_r、v_r 分别表示指标中的最优值和最劣值。对于正向指标，选取其中的最大值，负向指标，选取其中的最小值。

（4）计算同一度与对立度

当矩阵为正向矩阵 M_1 时，同一度 a_{kr} 与对立度 c_{kr} 计算公式如下：

$$a_{kr} = \frac{h_{kr}}{u_r + v_r} \tag{5-10}$$

$$c_{kr} = \frac{h_{kr}^{-1}}{u_r^{-1} + v_r^{-1}} = \frac{u_r v_r}{(u_r + v_r)h_{kr}} \tag{5-11}$$

式中，a_{kr} 和 c_{kr} 分别表示 h_{kr} 与 u_r、v_r 的接近程度，同理，当矩阵为负向矩阵 M_2 时，可得到：

$$a_{kr} = \frac{h_{kr}^{-1}}{u_r^{-1} + v_r^{-1}} = \frac{u_r v_r}{(u_r + v_r)h_{kr}} \tag{5-12}$$

$$c_{kr} = \frac{h_{kr}}{u_r + v_r} \tag{5-13}$$

（5）计算平均同一度、对立度与贴近度

$$a_m = \sum_{i=1}^{n} w_r a_{kr} \tag{5-14}$$

$$c_m = \sum_{i=1}^{n} w_r c_{kr} \tag{5-15}$$

式中，w_r 为各指标权重集，a_m 与 c_m 分别表示 s_k 接近最优评价系统 U 的肯定和否定程度，根据此，可得到 s_k 与 U 的相对贴近度：

$$r_m = \frac{a_m}{a_m + c_m} \qquad\qquad (5-16)$$

式中，r_m 表示被评价方案与最优方案的联系度，r_m 越大，表明被评价对象与最优方案越贴合。因此用该指标表征恩施地区各县域的脆弱性、应对能力及恢复力水平，r_m 越大表示系统恢复力越强，反之越弱。此外，记脆弱性指数为 $V-r_m$，应对能力指数为 $C-r_m$，恢复力指数为 $R-r_m$。借鉴对旅游地（李伯华等，2013；邹军等，2018）社会生态系统的相关研究，将脆弱性、应对能力及恢复力划分为高（$0.7 \leqslant V-r_m/C-r_m/R-r_m < 1$）、中（$0.4 \leqslant V-r_m/C-r_m/R-r_m < 0.7$）、低（$0 \leqslant V-r_m/C-r_m/R-r_{mm} < 0.4$）三个等级。

5.3.4 地理探测器

地理探测器（Geographical Detector）是探测空间分异性、解释其背后驱动力的计量方法，也是解决"什么因素造成了风险""风险因子之间的相对重要性如何""风险因子是否是独立起作用"等多个问题的有效工具（王劲峰等，2017）。该方法由我国学者王劲峰、徐成东提出，其主要原理是通过分析各因子的层内方差和总方差的关系，运用空间分层异质性来探测各要素对因变量的驱动力。相较于统计学中的经典线性回归，地理探测器具有如下优势：一是，对于低样本量（<30）数量具有更优的统计精度；二是，既可以探测数值型数据，也可以探测定性数据；三是，对于自变量的共线性免疫。目前，地理探测器在区域规划（张舒瑾等，2020）、区域发展（张衍毓等，2020）、精准扶贫（乔家君等，2020）、旅游（刘敏等，2020）等相关案例的研究中作为驱动力和因子分析的有力工具得到广泛应用。

地理探测器包含 4 个探测器，分别为风险探测器（Risk Detector）、生态探测器（Ecological Detector）、因子探测器（Factor Detector）、交互作用探测器（Interaction Detector）。风险探测器通过比较不同类别分区之间风险指标的平均值，来识别风险区域；生态探测器通过比较各个要素间影响因素指标总方差的差异，来探究不同影响因素对因变量的空间分布方面的作用是否有显著差异；因子探测器用于检验不同影响因素是否是形成风险空间分布格局的原因，其具体做法是比较不同影响因素在不同类别分区上的总方差与自变量在整个研究区上的总方差；交互探测器用以识别不同自变量两两之间的交互作用。本章内容选择因子探测与交互探测对影响旅游地社会—生态系统恢复力的影响因素及各因素间的相互作用进行分析。其中因子探测器计算公式如下：

$$q = 1 - \frac{\sum_{h=1}^{L} N_h \sigma_h^2}{N\sigma_h^2} = 1 - \frac{SSW}{SST} \tag{5-17}$$

式中，$h = 1, \cdots, n$，L 为 Y、X 的分层，N_h 和 N 分别为层 h 和全区的单元数；σ_h^2 和 σ^2 分别是层 h 和全区的 Y 值的方差，SSW 和 SST 分别是层内方差之和和全区总方差。q 值用于衡量自变量对因变量空间分异的解释能力，取值范围为 $[0, 1]$，q 值越大表明自变量 X 对属性 Y 的解释力越强。

交互作用探测器是用以识别自变量 X_i 与 X_j 之间交互作用的方法，通过探测结果的 $q(X_i \cap X_j)$ 值来识别驱动因子之间的共同作用是否增加或减弱对分析变量的解释能力。交互类型如表 5-3 所示。

表 5-3　　　　　　　　　　交互作用类型

判据	交互类型	判据	交互类型
$q(X_i \cap X_j) < \min[q(X_i), q(X_j)]$	非线性减弱	$q(X_i \cap X_j) > \max[q(X_i), q(X_j)]$	双因子交互增强
$\min[q(X_i), q(X_j)] < q(X_i \cap X_j) < \max[q(X_i), q(X_j)]$	单因子非线性减弱	$q(X_i \cap X_j) > q(X_i) + q(X_j)$	非线性增强
		$q(X_i \cap X_j) = q(X_i) + q(X_j)$	独立

5.4　恩施州旅游地社会—生态系统恢复力测度

基于恢复力评价指标体系，通过收集 2000 年、2010 年、2018 年恩施州 8 县市原始数据，利用熵值法及集对分析法，根据公式（5-1）至公式（5-16），计算得到县域尺度下恩施州旅游地社会—生态系统及三大子系统的脆弱性（$V-r_m$）、应对能力（$C-r_m$）及恢复力指数（$R-r_m$）。

5.4.1　县域旅游地社会—生态系统脆弱性分析

(1) 社会—生态系统脆弱性时空演化

运用集对分析法，计算得到恩施州 8 县（市）脆弱性指数 $V-r_m$。从整体上看，2000年、2010年、2018年恩施州县域脆弱性指数均值分别为0.514、0.518、0.537，依据脆弱性等级划分，3个时间节点下恩施州县域脆弱性处于中等脆弱性水平，但呈现出脆弱性小幅提升的趋势。根据计算结果，得到各县市3个时间截点下脆弱性指数（见图5-2）。根据图5-2，各县域2000年、2010年、2018年脆弱性指数均值在0.3—0.7，其中恩施市脆弱性指数均值最低（0.365），建始县脆弱性指数均值最高（0.625），表明恩施市社会—生态系统的脆弱性水平较低，即其对外部干扰的抗敏感性与应对能力较强，而脆弱性水平较高的建始县，其对外部干扰敏感性较大，应对能力有限。

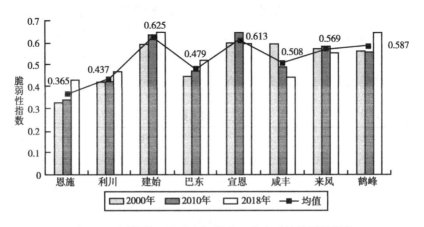

图5-2　恩施州8县（市）社会—生态系统脆弱性指数

从各县域的动态变化来看，2000—2018年8县（市）脆弱性水平均呈现波动变化，其中脆弱性程度加剧的县域明显多于脆弱性程度减弱的县域，近20年来，恩施市脆弱性水平增幅最多，为31.29%，咸丰县降幅最大，为25.42%；从不同的时间段来看，2000—2010年，除咸丰、鹤峰外，其余县市脆弱性指数均呈增加趋势；2010—2018年，除宣恩、咸丰、来凤脆弱性水平降低外，其余县市脆弱性指数均提高。

从各县域脆弱性变化幅度来看，2000—2010年变化幅度小于2010—2018年的变化幅度，前10年各县域平均增/降幅为5.62%，2010—2018年各县域平均增/降幅为11.02%；具体来看，前10年中，宣恩县增幅最大（7.87%），咸丰县降幅最大，降幅达17.49%，其余县市变化幅度均低于10%，利川、建始变动幅度低于1%；2010—2018年恩施、鹤峰、利川、巴东四县市脆弱性增幅较大，均高于20%，其中恩施市增幅达26.44%，宣恩县脆弱性降低幅度最大，降幅为 7.83% 。

结合 ArcGIS10.3 软件，将各县域脆弱性指数计算结果加载至地图数据图层中，为更清晰识别出各县域脆弱性水平变化，按照数值大小将 2000 年、2010 年、2018 年 3 个时间截面上各县域脆弱性指数划分为 4 个区间：低（$0.3 < V - r_m \leq 0.4$）、较低（$0.4 < V - r_m \leq 0.5$）、较高（$0.5 < V - r_m \leq 0.57$）、高（$0.57 < V - r_m \leq 0.7$），采用分级色彩，对恩施州各县域脆弱性水平进行空间化呈现（见图 5 - 3）。由图 5 - 3 可知，2000 年脆弱性相对高值区主要集中在南部宣恩、咸丰、来凤及北部建始县，恩施市为低值区；2010 年咸丰县由相对高值区转换为较高值区，宣恩、来凤及建始县仍为高值区，恩施市依然为低值区，其余县市无变动；2018 年脆弱性高值区包括建始、宣恩、鹤峰三县，来凤县由高值区降低至较高值区，恩施市脆弱性水平提高，由低值区转换为较低值区，巴东县由较低值区转换为较高值区。总体来看，利川市、建始县、宣恩县脆弱性水平在空间上表现无变化。

图 5 - 3　恩施州 8 县（市）社会—生态系统脆弱性指数时间变化

注：地图来源于湖北省地理信息公共服务平台网站下载的标准地图［审图号：鄂州 S（2021）002 号］。

（2）社会子系统脆弱性变化

2000 年、2010 年、2018 年恩施州县域整体社会子系统脆弱性指数均值分别为 0.522、0.523、0.536，对比计算结果，得到 3 个时间截点下各县市社会子系统脆弱性指数（见图 5 - 4），由图 5 - 4 可知，各县市脆弱性指数均值范围在 0.3—0.7，其中恩施市社会子系统脆弱性指数均值最低（0.360），主要得益于恩施市人口城市化水平较高，而城镇登记失业率、人口自然增长率等对社会系统带来冲击的不稳定因素表现较低；宣恩县脆弱性指数均值最高（0.676），该县域人口自然增长率在 3 个时间截点下均较高，系统学习能力（万人高校在校生数）及城镇化率（非农人口比重）在各县域中均表现较差。

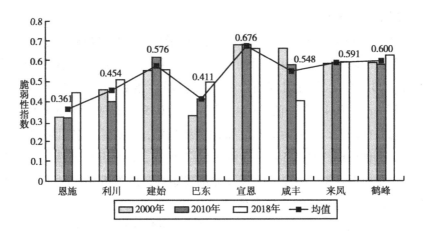

图 5-4 恩施州 8 县（市）社会子系统脆弱性指数

从各县域的动态变化来看，其社会脆弱性水平变化方向与幅度不一，但总体上脆弱性程度加剧的县域多于减弱的县域。近 20 年来，巴东县社会子系统脆弱性水平增幅最多，为 51.29%，咸丰县降幅最大，为 39.52%；从不同时间段来看，2000—2010 年恩施、利川、咸丰、鹤峰四县市脆弱性水平下降，其余四县市脆弱性水平提升，其中恩施、利川两市负向指标人口自然增长率显著下降，城镇化水平及交通通达性始终居于 8 县市前位；2010—2018 年，咸丰脆弱性水平持续下降，宣恩、建始也呈下降态势，其余县市脆弱性指数提高，咸丰县得益于县域整体城镇化水平的显著提升，使其脆弱性水平有所下降。

从各县域社会子系统脆弱性变化幅度来看，2010—2018 年变化幅度大于 2000—2010 年脆弱性变动幅度，前 10 年各县域平均增/降幅为 8.33%，后 8 年各县域平均增/降幅为 17.37%；具体来看，巴东县与来凤县脆弱性水平在两个时间段呈现持续提升的态势，其中巴东县增幅明显（25.64%、20.42%），与之相反，咸丰县呈持续降低趋势，且降幅较大（12.50%、30.89%）。

（3）经济子系统脆弱性变化

近 20 年，恩施州县域整体经济子系统脆弱性指数均值不断提升，由 2000 年的 0.452 提升为 0.514，至 2018 年提高至 0.549，上升 6.8 个百分点。对比计算结果，得到三个时间截点下各县市经济子系统脆弱性指数（见图 5-5），由图 5-5 可知，各县域 2000—2018 年脆弱性均值由低至高依次为恩施市、利川市、巴东县、咸丰县、鹤峰县、建始县、宣恩县、来凤县，恩施市旅游接待人次与收入、社会消费品零售总额等均居于八县市首位，利川及巴东两县市旅游业起步较早，占领了旅游发展的优势，表征于其经济子系统应对外部的敏感性与应对能力较强。

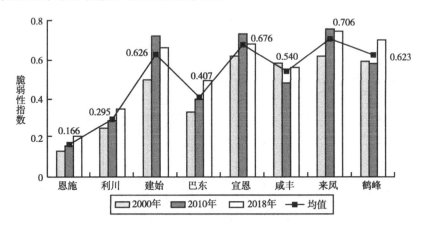

图 5－5　恩施州 8 县（市）经济子系统脆弱性指数

从各县域的动态变化来看，除咸丰县经济脆弱性指数呈现小幅下降外，其余县市 2000—2018 年经济子系统脆弱性水平均呈现上升趋势，其中恩施、巴东增幅明显（58.18%、48.25%）；从不同时间段来看，2000—2010 年受旅游接待人次数与旅游收入的提升，咸丰县、鹤峰县脆弱性指数下降外，其余县市脆弱性指数均呈现不同程度的提升，其中建始县增幅最大，达45.40%，来凤县、恩施市增幅也较高，均高于 20%，咸丰降幅明显，降幅为 17.51%；2010—2018 年，随着旅游业的发展，旅游收入占 GDP 的比重不断提高，2018 年恩施市旅游收入占 GDP 的比重高达 80%，较 2010 年占比提高近 4 倍，受制于对旅游收入依赖性的加强，恩施市、巴东县及来鹤峰县脆弱性指数提升，增幅均高于 20%，建始县、宣恩县、来凤县脆弱性指数下降，但降幅较小，均低于 10%。

（4）生态子系统脆弱性变化

2000 年、2010 年、2018 年恩施州县域整体生态子系统脆弱性均值分别为 0.553、0.525、0.530，呈现出下降趋势。对比计算结果，得到 3 个时间截点下各县市生态子系统脆弱性指数（见图 5－6），由图 5－6 可知，各县域生态脆弱性均值由高至低依次为建始县、巴东县、恩施市、利川市、鹤峰县、宣恩县、咸丰县、来凤县，其中社会与经济脆弱性水平较低的恩施市，其生态系统中土地人口压力（人口密度）与景观格局指数均较高，减弱了区域生态系统的抗击外部干扰的敏感性，利川市景观格局破碎化程度高于其他县市，其景观格局指数较高，8 县市中来凤县土地利用类型景观格局变动较小，其景观格局指数在 8 县市中最低，降低了其生态子系统的脆弱性。

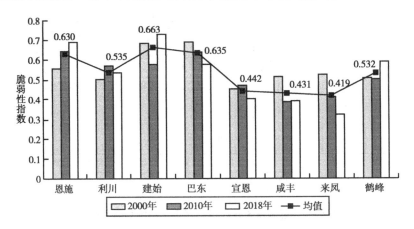

图 5－6 恩施州 8 县（市）生态子系统脆弱性指数

从各县域的动态变化来看，各县市脆弱性变化方向与幅度不一，但总体上脆弱性程度降低的县市多于增加的县市，近 20 年来，恩施市生态脆弱性水平增幅最多，为 24.16%，该市人口密度不断提升，跃至 8 县市首位，植被覆盖率随着时间推移有所下降，优良天数占比数居于 8 县市末尾；相较于恩施市，来凤县降幅最大，为 38.58%，得益于生态系统资源供给功能与支持性（>25 度耕地面积比重）的提高，加之来凤县较低的景观格局指数，该县生态子系统脆弱性指数在 3 个时间截点下均处于 8 县市最低。从各县域生态子系统脆弱性指数变化幅度来看，2010—2018 年变化幅度略大于 2000—2010 年脆弱性变动幅度，前 10 年各县域平均增/降幅为 12.97%，后 8 年各县域平均增/降幅为 13.06%。

5.4.2 县域旅游地社会—生态系统应对能力分析

（1）社会—生态系统应对能力时空演化

运用集对分析法，计算得到恩施州 8 县（市）应对能力指数 $C-r_m$，结果显示，恩施州县域整体应对能力指数在 3 个时间节点下均值分别为 0.433、

0.439、0.444，表明近 20 年来各县域应对能力水平呈现提高态势。将各县市不同时间截点下的应对能力指数进行直观呈现得到图 5－7，由图 5－7 可知，各县域 2000—2018 年应对能力指数的均值在 0.26—0.75，其中恩施市应对能力指数（$C-r_m$）均值最高（0.749），鹤峰县应对能力指数（$C-r_m$）最低（0.266），表明恩施州首府所在地恩施市其应对能力最高。

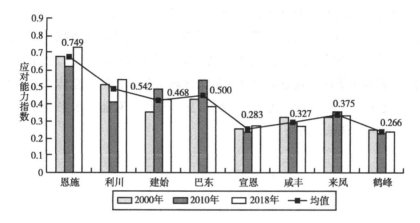

图 5－7　恩施州 8 县（市）社会—生态系统应对能力指数

从各县域的动态变化来看，2000—2018 年 8 县（市）应对能力水平均呈现波动变化，其中应对能力提升的县域多于应对能力降低的县域，近 20 年来，建始县应对能力提升幅度最大，为 20.70%，咸丰县降幅最大，为 16.34%；2000—2010 年，除建始、巴东、来凤 3 县域应对能力提升外，其余 5 县市应对能力均下降；2010—2018 年恩施市、利川市、宣恩县及鹤峰县应对能力指数由降低态势转变为提升态势，其余县市应对能力水平下降。

从各县域应对能力变化幅度来看，两个时间段整体变化幅度相差较小，增/降幅分别为 15.96% 和 15.53%，但各县域变动幅度各不相同，具体来看，前十年中建始县增幅最大（26.07%），利川市降幅最大，降幅达 19.78%，此外巴东县提升幅度也较大，增幅高于 20%，其余县市变动幅度均低于 10%；2010—2018 年利川市增幅最大（31.84%），巴东县降幅最大（28.68%）。

结合 ArcGIS10.3 软件，将各县域应对能力指数计算结果加载至地图数据图层中，为更清晰识别出各县域应对能力水平变化，按照数值大小将 2000

年、2010 年、2018 年 3 个时间截面上各县域应对能力指数划分为 5 个区间：低（$0.2 < C - r_m \leq 0.3$）、较低（$0.3 < C - r_m \leq 0.4$）、中等（$0.4 < C - r_m \leq 0.5$）、较高（$0.5 < C - r_m \leq 0.5$）、高（$0.6 < C - r_m \leq 0.8$），采用分级色彩，对恩施州各县域应对能力水平进行空间化呈现（见图 5 - 8）。由图 5 - 8 可知，2000 年应对能力相对高值区为恩施市，南部 4 县宣恩、鹤峰、咸丰、来凤应对能力相对较低；2010 年，建始、巴东两县由较低、中等应对能力水平转化为较高应对能力区域，南部 4 县应对能力依然较低，较 2000 年无变动；2018 年，利川市由较高应对能力区转化为高应对能力区，建始、巴东两县市由较高区转为中等区，宣恩县由相对低值区转为较低值区。总体来看，北部 4 县市（恩施市、利川市、建始县、巴东县）整体应对能力水平高于南四县（咸丰、来凤、宣恩、鹤峰）。

图 5 - 8 恩施州 8 县（市）社会—生态系统应对能力指数时间变化

注：地图来源于湖北省地理信息公共服务平台网站下载的标准地图 [审图号：鄂 S（2021）002 号]。

（2）社会子系统应对能力变化

2000 年、2010 年、2018 年恩施州县域整体社会子系统应对能力指数均值分别为 0.438、0.396、0.437，均值变动较小。对比计算结果，得到 3 个时间截点下个县域社会子系统应对能力指数（见图 5 - 9），由图 5 - 9 可知，各县市应对能力均值范围在 0.20—0.85，同整体应对能力各县域的表现一致，恩施州北部的恩施市、利川市、建始县和巴东县应对能力均值较高，均高于 0.50，其中恩施市最高，均值达 0.77，从各项指标原始数据来看，恩施市医疗支撑力度、财政支出力度及社会存储状况均居于各县域首位；相较之，南部咸丰、来凤、宣恩和鹤峰 4 县，社会子系统应对能力整体较低，其中鹤峰县最低，均值仅有 0.21，该县医疗条件、社会存储及财政扶持力度，均处于各县域车尾段。

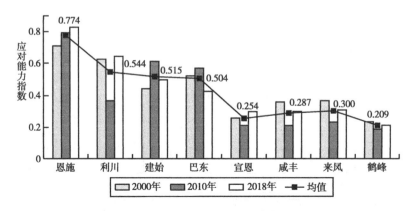

图 5 – 9　恩施州 8 县（市）社会子系统应对能力指数时间变化

从各县域的动态变化来看，近 20 年来，受益于社会保障和就业扶持力度的不断加强，恩施市社会子系统的应对能力也不断提升，两时间段均呈现不同幅度提高（11.52%、4.36%）；2000—2010 年，得益于区域抵御外部风险能力的提升（社会保障和就业支出），建始、巴东两县社会子系统应对能力提高，利川、咸丰、来凤、鹤峰、宣恩 5 县市应对能力均减弱；2010—2018年，随着区域整体社会经济的发展，除巴东、建始外，其余县市应对能力都有了不同程度的提高。从各县域社会子系统应对能力变动幅度来看，2010—2018 年应对能力变动幅度高于前 10 年的变动，前 10 年各县域平均增/降幅为 27.28%，后 8 年各县域平均增/降幅为 31.94%，由图 5 – 9 可以看出，利川市年际变动幅度较大。

（3）经济子系统应对能力变化

2000 年、2010 年、2018 年恩施州县域整体经济子系统应对能力指数均值分别为 0.460、0.475、0.428，均值变化呈现出减小的趋势。对比计算结果，得到 3 个时间截点下个县域经济子系统应对能力指数（见图 5 – 10），由图 5 – 10 可知，各县市应对能力均值范围在 0.15—0.85，恩施市、利川市经济系统应对能力均值较高，均高于 0.50，其中恩施市最高，均值达 0.77，从经济系统应对能力的各项指标来看，恩施市地方政府经济实力、经济密度及区域经济发展水平等，均处于 8 县市前列，因此其经济系统应对能力排位也较为靠前。相较之，南部鹤峰、宣恩和咸丰 3 县，经济子系统应对能力整体较低，其中鹤峰县最低，均值仅有 0.23。

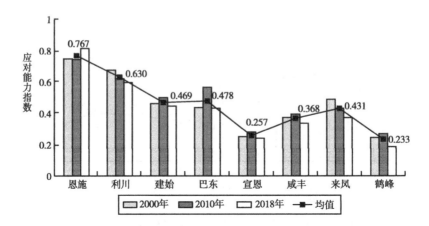

图 5-10　恩施州 8 县（市）经济子系统应对能力指数时间变化

从各县域的动态变化来看，2000—2010 年，除恩施市、利川市、来凤县呈现出应对能力指数小幅下降（降幅低于 10%）外，其余县市 2010 年较 2000 年经济子系统应对能力均呈现不同幅度的提升，其中得益于区域整体经济水平与居民储蓄水平的提高，巴东县增幅最大（29.57%）；2010—2018 年除恩施市外，其余县市应对能力均出现不同幅度的下降，其中鹤峰县降幅最大（31.10%），其次为巴东县（23.49%），其余县市降幅低于 15%。从各县域经济子系统应对能力变动幅度来看，2010—2018 年应对能力变动幅度高于前 10 年的变动，前 10 年各县域平均增/降幅为 10.84%，后 8 年各县域平均增/降幅为 15.20%。

（4）生态子系统应对能力变化

2000 年、2010 年、2018 年恩施州县域整体生态子系统应对能力指数均值分别为 0.404、0.478、0.494，整体呈现出增强趋势，表明"生态立州"、退耕还林、天然林保护等政策的推行，有效推动了恩施州生态环境的保护。根据计算结果，得到 3 个时间截点下各县市生态子系统应对能力指数（见图 5-11），由图 5-11 可知，各县域生态系统应对能力均值由高至低依次为恩施市、巴东县、鹤峰县、来凤县、利川市、宣恩县、建始县、咸丰县。

从各县域的动态变化来看，各县市应对能力变化方向与幅度不一，但总体上应对能力提升的县市多于下降的县市；从不同时间段来看，2000—2010 年恩施市、宣恩县及鹤峰县生态系统应对能力下降，其中恩施市降幅最大（58.50%），主要原因在于其人工造林面积减少，作为政府首府所在地的恩施市，城镇用地扩张速度较快，对生态用地造成挤压，除恩施外，其余县市应对能力提升；2010—2018年，巴东、咸丰、来凤呈下降态势，其余县市应对能力指数提高，恩施市生态子系统应对能力指数呈倍数提高，但仍低于2000年生态系统高应对能力指数，其余县市增幅也较大，增幅均高于20%，主要得益于生活垃圾无害化处率与生活污水无害化处理率的提高。从各县域生态子系统应对能力变化幅度来看，2010—2018年变化幅度小于2000—2010年变动幅度，前10年各县域平均增/降幅为61.21%，后8年各县域平均增/降幅为46.58%。

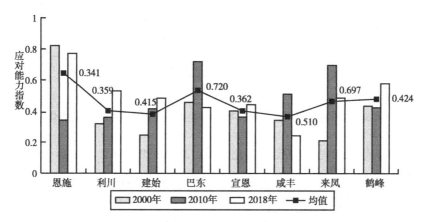

图5-11 恩施州8县（市）生态子系统应对能力指数时间变化

5.4.3 县域旅游地社会—生态系统恢复力分析

（1）社会—生态系统恢复力时空演化

运用集对分析法，通过计算得到恩施州8县市的恢复力指数（$R-r_m$）（见图5-12）。结果显示，2000年、2010年、2018年恩施州县域整体恢复力指数均值分别为0.454、0.463、0.455，均处于中等恢复力水平，从时间纵向变动上看，县域整体水平变动幅度较小。但各县域恢复水平差异较大，从各县域2000—2018年恢复力指数的均值来看，恩施市、利川市及巴东、咸丰、建始、来凤6县恢复力水平处于中等水平（$0.4 \leqslant V-r_m/C-r_m/R-r_m <$ 0.7），其中恩施市是唯一恢复力指数高于0.6的县市，利川与巴东 $R-r_m$ 均值高于0.5；鹤峰、宣恩两县市恢复力水平处于低水平，其恢复力指数 $R-r_m$

均值低于 0.4。依据前文分析可知，恩施市在各县市中属于典型的低脆弱性——高应对能力县域，因此其整体恢复力水平也明显高于其他 7 个县市，宣恩县则刚好与之相反，为高脆弱——低应对能力的县域。

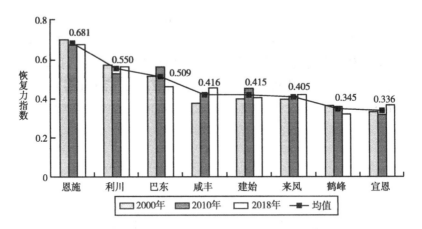

图 5-12　恩施州 8 县 (市) 社会—生态系统恢复力指数时间变化

从各县域恢复力指数的动态变化来看，2000—2010 年，咸丰县与建始县变动幅度较大，增长率超过 10%，其余县市增幅/降幅均低于 10%，其中咸丰县由于城镇化水平的显著提升，其系统脆弱性显著下降，使其整体恢复力提升，建始县则得益于系统应对能力的提升；2010—2018 年巴东、建始、鹤峰县降幅最大，宣恩县增幅最高，受脆弱性指数提高的影响，巴东、建始整体恢复力水平下降，鹤峰县由于应对能力较差，因此整体恢复力水平下降，宣恩县各子系统脆弱性水平在这一阶段均有所下降，其整体恢复力水平也有所提高。

结合 ArcGIS10.3 软件，将各县域恢复力指数计算结果加载至地图数据图层中，为更清晰识别出各县域脆弱性水平变化，按照数值大小将 2000 年、2010 年、2018 年 3 个时间截面上各县域恢复力指数划分为 4 个区间：低 $(0.3 < R - r_m \leqslant 0.4)$、较低 $(0.4 < R - r_m \leqslant 0.5)$、较高 $(0.5 < R - r_m \leqslant 0.57)$、高 $(0.57 < R - r_m \leqslant 0.7)$，采用分级色彩，对恩施州各县域脆弱性水平进行空间化呈现 (见图 5-13)。由图 5-13 可知，2000 年高值区主要为恩施与利川两市及巴东县，三县市均为 21 世纪初期进行旅游开发的区域，其余县市恢复力水平处于较低水平；2010 年州政府提出全州旅游"一盘棋"，明确提出打造南县民族风情走廊，坪坝营、唐崖河、仙佛寺等南部县域景区成为重要旅游建设节点，恢复力指数显示南部咸丰、来凤由恢复力较低区间转

为恢复力较高区间；结合前文分析，受脆弱性指数持续提高的影响，巴东县由恢复力较高区域转向恢复力较低区域，其余县市恢复力水平在空间特征呈现上无变动。

图 5 – 13　恩施州 8 县（市）社会—生态系统恢复力指数时间变化

注：地图来源于湖北省地理信息公共服务平台网站下载的标准地图 [审图号：鄂州 S（2021）002 号]。

将前述计算得到的不同时间截点下各县域的脆弱性指数（$V - r_m$）、应对能力指数（$C - r_m$）及恢复力指数（$R - r_m$）进行对比呈现与分析，得到图 5 – 14。根据图 5 – 14（a）可知，恩施、利川、巴东应对能力高于脆弱性水平，其中恩施市为典型的低脆弱性 – 高应对能力县市，其余五县市脆弱性构成的折线远高于应对能力折线，恢复力折线与应对能力折线的趋势相似；根据图 5 – 14（b）可知，虽仍仅有恩施、利川、巴东应对能力高于脆弱性，但各县域脆弱性与应对能力两折线间差距缩小，其中咸丰、来凤处形成新的拐点；根据图 5 – 14（c）2018 年，脆弱性与应对能力折线间差距继续减小，恩施、利川两市应对能力高于脆弱性水平；根据图 5 – 14（d），从 3 个时间截点脆弱性指数、应对能力指数与恢复力指数的均值来看，各县域 3 项指数所形成的折线高低不同，其中脆弱性指数整体处于较高的水平，应对能力指数上下跨动幅度较大，恢复力指数折线趋势与应对能力的折线趋势相似。

（2）社会子系统恢复力变化

2000 年、2010 年、2018 年恩施州县域整体社会子系统恢复力指数均值分别为 0.459、0.436、0.454，对比计算结果，得到 3 个时间截点下各县市社会子系统恢复力指数（见图 5 – 15），由图 5 – 15 可知，各县市恢复力指数均值范围在 0.25—0.71，其中，宣恩县社会子系统恢复力指数均值最低（0.292），依据前文分析，宣恩社会子系统脆弱性指数最高，该地区城镇化水平与系统学习能力较低；恩施市社会系统恢复力指数最高（0.703）。

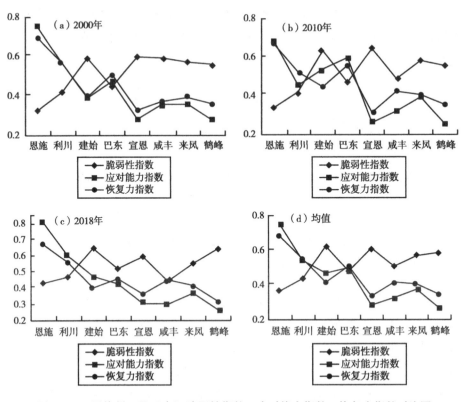

图5-14 恩施州8县（市）脆弱性指数、应对能力指数、恢复力指数对比图

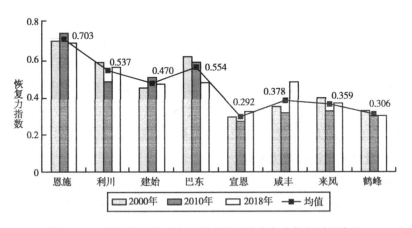

图5-15 恩施州8县（市）社会子系统恢复力指数时间变化

从各县域的动态变化来看，各县域社会子系统恢复力水平变化方向与幅度不一，恢复力水平减弱的县域多于恢复力水平提高的县域。近20年来，咸

丰县得益于脆弱性水平的降低，社会子系统恢复力水平增幅最多，为37.55%，与之相反，受社会子系统脆弱性水平大幅提高的影响，巴东县恢复力指数降幅最多，为22.51%；从不同时间段来看，2000—2010年受人口自然增长率下降、城镇化水平与交通通达性提高的影响，恩施市与建始县恢复力提高，但增幅均在15%以下，其余县市2010年恢复力水平均较于2000年下降；2010—2018年，利川、咸丰、来凤、宣恩四县恢复力水平提高，其中咸丰县增幅最大（52.14%）。

（3）经济子系统恢复力变化

2000年、2010年、2018年恩施州县域整体经济子系统恢复力指数均值分别为0.476、0.482、0.440。对比计算结果，得到3个时间截点下各县市经济子系统恢复力指数（见图5–16），由图5–16可知，各县域恢复力指数均值由高至低依次为恩施市、利川市、建始县、巴东县、宣恩县、咸丰县、来凤县、鹤峰县。恩施市经济子系统恢复力指数均值最高，根据前述的恢复力等级划分，属于高等级恢复力水平；鹤峰县经济子系统恢复力指数均值最低，处于低等级恢复力水平。

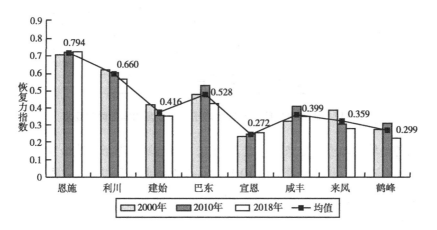

图5–16　恩施州8县（市）经济子系统恢复力指数时间变化

从各县域的动态变化来看，除恩施市、宣恩县及咸丰县经济子系统恢复力指数呈小幅提高外，其余县市2000—2018年经济子系统恢复力水平均呈下降趋势；从不同时间段来看，2000—2010年，咸丰县恢复力指数增幅最大（26.88%），得益于其经济脆弱性指数的降低，来凤县降幅最大；2010—2018年，仅恩施市与宣恩县经济子系统恢复力指数提高，其余6县市恢复力指数均有所下降，主要受制于区域经济对旅游业的依赖度越来越高。

（4）生态子系统恢复力变化

2000年、2010年、2018年恩施州县域整体生态子系统恢复力指数均值分别为0.432、0.482、0.712，上升趋势明显。对比计算结果，得到3个时间截点下各县市生态子系统恢复力指数（见图5-17），由图5-17可知，各县域生态系统恢复力指数均值由高至低依次为来凤县、恩施市、咸丰县、宣恩县、利川市、鹤峰县、巴东县、建始县，总体上南部县市生态子系统恢复力指数高于北部县市，与社会子系统与经济子系统呈现的分布形态具有一定的差异。

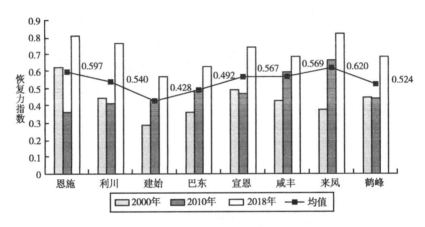

图5-17 恩施州8县（市）生态子系统恢复力指数时间变化

从各县域的动态变化来看，近20年来，各县域生态子系统恢复力整体均呈现出提升态势，具体来看，前10年中，仅恩施市、利川市及宣恩县恢复力指数下降，其余县市恢复力提高，其中受土地人口压力较大、城镇化发展带来的景观破碎化现象加剧等因素的影响，恩施市生态系统恢复力降幅最大（42.08%）；2010—2018年，8县市生态子系统恢复力指数均有所提高，且增幅均在15%以上；从各县整体变化来看，来凤县增幅最大，结合前文分析可知，该县域生态系统资源供给能力与支持性较强，且土地利用破碎化程度较低，大大降低了外部扰动的脆弱性水平；从各县域生态子系统恢复力指数变化幅度来看，2010—2018年变化幅度小于2000—2010年变动幅度，前10年各县域平均增/降幅为32.08%，后8年各县域平均增/降幅为52.65%。整体来看，在生态保护政策与工程的指导下，恩施地区生态系统恢复力有了明显的提升。

5.5 县域社会—生态系统恢复力风险因子探测与影响机理分析

山区旅游地作为旅游活动扰动下人地耦合的社会—生态系统，恢复力是系统的关键属性之一。本章前文内容，对恩施州 8 个县域的恢复力水平及构成恢复力的脆弱性与应对能力水平进行了测度。结果显示，进入 21 世纪后，多数县域恢复力整体处于中等恢复力水平，但不同县域的恢复力、脆弱性与应对能力的表现各不相同。恢复力水平受到不同因素的影响或同一因素对不同县域产生了不同的影响，因此需要对恢复力的制约因素进行精准识别，为提高旅游地社会—生态系统恢复力提供科学依据。本小节内容运用地理探测器方法探测县域尺度下山区旅游地社会—生态系统恢复力分异的风险因子及因子间的交互作用，并在此基础上，对其影响机理进行提炼、探讨。

5.5.1 风险因子探测

（1）指标层风险因子探测结果

以集对分析法计算得到的 2000 年、2010 年、2018 年恩施州各县域恢复力指数为被解释变量（Y），对应年份的各指标依据正负向标准化后的值为解释变量（X_n）。对数值型变量进行离散化转换是重要的数据准备步骤，等分法、K - means 分类算法、自然断点法、等间距法等是较为常见的方法，离散化粒度对模型结果有着直接影响，因此对以上多种方法的实验效果对比后，本小节选用等分法将各指标数据进行离散化转换，离散后各指标分为 3—4 类。基于县域尺度，以山区旅游地社会—生态系统恢复力为因变量（Y），以离散化后的 30 项指标因子为自变量（X_1—X_{30}），运用 GeoDetector 工具，借助"因子探测"模块，对各风险因子的贡献率进行定量分析，得到各影响因子的作用强度结果（见表 5 - 4）。

表 5 −4 　　　　　　　　县域尺度下恩施州旅游地 SES 恢复力

指标层影响因子探测结果

探测指标	X_5	X_{11}	X_{14}	X_{12}	X_{20}	X_{13}	X_4	X_{10}	X_{16}	X_{17}
q	0.857 ***	0.835 ***	0.823 ***	0.788 **	0.771 **	0.727 ***	0.713	0.707 **	0.687	0.633
探测指标	X_{24}	X_9	X_{19}	X_3	X_{26}	X_{28}	X_{23}	X_{21}	X_{29}	X_{25}
q	0.612 *	0.609	0.599	0.509	0.505	0.487	0.316	0.287	0.284	0.278
探测指标	X_{30}	X_{18}	X_1	X_6	X_7	X_2	X_{27}	X_{15}	X_{22}	X_8
q	0.242	0.219	0.192	0.167	0.152	0.106	0.090	0.051	0.050	0.025

　　注：***、**、* 分别表示在 1%、5%、10% 水平下显著。各探测指标释义：X_5 等级公路里程数；X_{11} 金融机构存款余额；X_{14} 旅游接待人次数；X_{12} 旅游总收入；X_{20} 年末居民存款余额；X_{13} 旅游收入占 GDP 比重；X_4 非农人口比重；X_{10} 地方财政支出；X_{16} 社会消费品零售总额；X_{17} 财政总收入；X_{24} 景观格局指数；X_9 医疗机构床位数；X_{19} GDP；X_3 旅游者与居民比；X_{26} 农业化肥用量；X_{28} 生活垃圾无害化处理率；X_{23} 优良天数占比；X_{21} 人口密度；X_{29} 生活污水无害化处理率；X_{25} 有效灌溉面积；X_{30} 人工造林面积；X_{18} 经济密度；X_1 人口自然增长率；X_6 城镇登记失业率；X_7 万人在校高中生数；X_2 外来人口迁入率；X_{27} 大于 25 度耕地面积比重；X_{15} 年末实有茶园种植面积；X_{22} 植被覆盖率；X_8 社会保障和就业支出。

　　根据表 5 −4 探测结果显示：各影响因子的作用强度各不相同，其中 q 统计量显著性检验结果较好的因子共有 10 项，这 10 项因子按 q 值大小排序依次为：等级公路里程数（0.857）＞金融机构存款余额（0.835）＞旅游接待人次数（0.823）＞旅游总收入（0.788）＞年末居民存款余额（0.771）＞旅游收入占 GDP 比重（0.727）＞地方财政支出（0.707）＞景观格局指数（0.612）＞农业化肥用量（0.505）＞生活垃圾无害化处理率（0.487）。此外非农人口比重（X_4）、社会消费品零售总额（X_{16}）、财政总收入（X_{17}）、医疗机构床位数（X_9）、GDP（X_{19}）、旅游者与居民比（X_3）等指标，q 值也较高（＞0.5）。整体来看，q 值排名靠前的因子主要是社会脆弱性因子与经济脆弱性因子，主要涉及区域交通通达性、社会及居民存储情况、旅游业规模与效益、区域经济多样性、财政支持力度等，生态系统中区域土地利用类型的景观结构对区域整体恢复力水平也有较大的影响。

　　（2）维度层风险因子探测结果

　　以集对分析法计算得到的 2000 年、2010 年、2018 年恩施州各县域恢复力指数为被解释变量（Y），对应年份 3 大子系统的脆弱性及应对能力指数为解释变量（Xn），同指标层风险因子探测数据准备思路一致，通过对比等分法、K − means 分类算法、自然断点法等离散化结果的分析效果，选取等分法，将各维度层指标数据进行离散化转换，离散后各指标分为 4—7 类。从维

山区旅游地社会—生态系统恢复力研究

度层出发，得到 6 项维度层指标因子，并作为自变量（X_1—X_6），运用 Geo-Detector 工具，借助"因子探测"模块，对各风险因子的贡献率进行定量分析，得到各影响因子的作用强度结果（见表 5 – 5）。

表 5 – 5　　　　　　县域尺度下恩施州旅游地 SES 恢复力
维度层影响因子探测结果

探测指标	应对能力（经济子系统）	脆弱性（经济子系统）	应对能力（社会子系统）	脆弱性（社会子系统）	应对能力（生态子系统）	脆弱性（生态子系统）
q	0.9144 ***	0.8686 ***	0.8506 *	0.6548 **	0.4965	0.3450

注：***、**、* 分别表示在 1%、5%、10% 水平下显著。

根据表 5 – 5，从风险因子探测结果 q 值来看，经济子系统应对能力与脆弱性、社会子系统应对能力与脆弱性四项指标显著性检验效果较好，其中经济子系统应对能力与脆弱性 q 值较高，即对因变量的解释力较强，居于六项指标中的前两位；社会子系统应对能力与脆弱性 q 值也较高，均大于 0.5；生态子系统应对能力与脆弱性 q 值居于后两位。从维度层来看，县域尺度下恩施州旅游地社会—生态系统恢复力，受经济与社会系统脆弱性与应对能力的作用较大，结合指标层因子探测结果来看，q 值较高的指标如等级公路里程数、金融机构存款余额、旅游接待人次数与总收入、年末居民存款余额等，均为经济或社会子系统脆弱性或应对能力指标，生态系统的各项指标中，景观格局指数对恢复力水平的影响较大，但其他指标影响较小。

（3）指标层因子交互探测结果

选择通过显著性检验的 10 项指标，运用地理探测器中的"交互作用探测"模块识别各影响因子间的共同作用对县域尺度下恩施州旅游地社会—生态系统恢复力的解释力，即各因子是独立起作用的还是相互作用的，结果如表 5 – 6 所示。根据交互作用探测器中对交互作用类型的判别依据，对比各项指标发现，所选因子中任意两个因子在影响县域尺度下恩施州旅游地社会—生态系统恢复力方面具有双因子协同作用（双因子增强），两因子交互作用大于其中任一单因子对解释变量的解释力，不存在单独或减弱的情况。交互作用探测结果表明，县域尺度下恩施州旅游地社会—生态系统的恢复力并不是由单一影响因子造成，而是不同影响因子共同作用的结果。

表 5 - 6　　　　　　县域尺度下恩施州旅游地 SES 恢复力指标层

$X_i \cap X_j$	$q(X_i)$	$q(X_j)$	$q(X_i \cap X_j)$	交互类型	$X_i \cap X_j$	$q(X_i)$	$q(X_j)$	$q(X_i \cap X_j)$	交互类型
$X_5 \cap X_{10}$	0.8574	0.7075	0.9174	双协同	$X_{11} \cap X_{28}$	0.8353	0.4873	0.8834	双协同
$X_5 \cap X_{11}$	0.8574	0.8353	0.8964	双协同	$X_{12} \cap X_{13}$	0.7876	0.7272	0.8657	双协同
$X_5 \cap X_{12}$	0.8574	0.7876	0.8956	双协同	$X_{12} \cap X_{14}$	0.7876	0.8230	0.8636	双协同
$X_5 \cap X_{13}$	0.8574	0.7272	0.9556	双协同	$X_{12} \cap X_{20}$	0.7876	0.7709	0.8826	双协同
$X_5 \cap X_{14}$	0.8574	0.8230	0.9040	双协同	$X_{12} \cap X_{24}$	0.7876	0.6118	0.9283	双协同
$X_5 \cap X_{20}$	0.8574	0.7709	0.9065	双协同	$X_{12} \cap X_{26}$	0.7876	0.5046	0.8476	双协同
$X_5 \cap X_{24}$	0.8574	0.6118	0.9257	双协同	$X_{12} \cap X_{28}$	0.7876	0.4873	0.8641	双协同
$X_5 \cap X_{26}$	0.8574	0.5046	0.8891	双协同	$X_{13} \cap X_{14}$	0.7272	0.8230	0.8872	双协同
$X_5 \cap X_{28}$	0.8574	0.4873	0.9010	双协同	$X_{13} \cap X_{20}$	0.7272	0.7709	0.8918	双协同
$X_{10} \cap X_{11}$	0.7075	0.8353	0.9219	双协同	$X_{13} \cap X_{24}$	0.7272	0.6118	0.9369	双协同
$X_{10} \cap X_{12}$	0.7075	0.7876	0.8267	双协同	$X_{13} \cap X_{26}$	0.7272	0.5046	0.7849	双协同
$X_{10} \cap X_{13}$	0.7075	0.7272	0.8856	双协同	$X_{13} \cap X_{28}$	0.7272	0.4873	0.8581	双协同
$X_{10} \cap X_{14}$	0.7075	0.8230	0.8545	双协同	$X_{14} \cap X_{20}$	0.8230	0.7709	0.8989	双协同
$X_{10} \cap X_{20}$	0.7075	0.7709	0.8361	双协同	$X_{14} \cap X_{24}$	0.8230	0.6118	0.9313	双协同
$X_{10} \cap X_{24}$	0.7075	0.6118	0.8911	双协同	$X_{14} \cap X_{26}$	0.8230	0.5046	0.8818	双协同
$X_{10} \cap X_{26}$	0.7075	0.5046	0.8400	双协同	$X_{14} \cap X_{28}$	0.8230	0.4873	0.8970	双协同
$X_{10} \cap X_{28}$	0.7075	0.4873	0.7415	双协同	$X_{20} \cap X_{24}$	0.7709	0.6118	0.8871	双协同
$X_{11} \cap X_{12}$	0.8353	0.7876	0.8889	双协同	$X_{20} \cap X_{26}$	0.7709	0.5046	0.8443	双协同
$X_{11} \cap X_{13}$	0.8353	0.7272	0.9346	双协同	$X_{20} \cap X_{28}$	0.7709	0.4873	0.7858	双协同
$X_{11} \cap X_{14}$	0.8353	0.8230	0.9066	双协同	$X_{24} \cap X_{26}$	0.6118	0.5046	0.8967	双协同
$X_{11} \cap X_{20}$	0.8353	0.7709	0.8849	双协同	$X_{24} \cap X_{28}$	0.6118	0.4873	0.8312	双协同
$X_{11} \cap X_{24}$	0.8353	0.6118	0.8802	双协同	$X_{26} \cap X_{28}$	0.5046	0.4873	0.7747	双协同
$X_{11} \cap X_{26}$	0.8353	0.5046	0.8666	双协同					

注：各探测指标释义：X_5 等级公路里程数；X_{10} 地方财政支出；X_{11} 金融机构存款余额；X_{12} 旅游总收入；X_{13} 旅游收入占 GDP 比重；X_{14} 旅游接待人次数；X_{20} 年末居民存款余额；X_{24} 景观格局指数；X_{26} 农业化肥用量；X_{28} 生活垃圾无害化处理率。

从两两因子间的互动作用来看，q 值大于 0.9 的双因子组合共有 12 对，前 5 位的组合分别是"X_5 等级公路里程数 $\cap$ X_{13} 旅游收入占 GDP 比重""X_{13} 旅游收入占 GDP 比重 $\cap$ X_{24} 景观格局指数""X_{11} 金融机构存款余额 $\cap$ X_{13} 旅游收入占 GDP 比重""X_{14} 旅游接待人次数 $\cap$ X_{24} 景观格局指数""X_{12} 旅游总收入 $\cap$ X_{24} 景观格局指数"，影响因子主要涉及 3 大子系统的脆弱性指标，其中区域经济多样性与土地利用景观格局两因子出现的频次数最多，此外区域交通通达水平、代表社会存储能力的社会应对指标金融机构存款余额及旅游经济效益与规模指标在交互作用中也发挥着较为突出的作用。

（4）维度层因子交互探测结果

运用"交互探测器"模块识别维度层6个风险因子两两之间对县域尺度下恩施州社会—生态系统恢复力的解释力，得到表5-7。根据交互作用类型的判别依据，对比各项指标发现，维度层6项指标中，两因子交互作用大于其中任一单因子对解释变量的解释力，不存在单独或减弱的情况，即任意两个因子对恩施州各县域恢复力水平具有双因子协同作用，因此同指标层交互探测结果一致，县域尺度下恩施州旅游地恢复力并不是由单一影响因子造成，而是不同影响因子共同作用的结果。

表5-7　　县域尺度下恩施州旅游地 SES 恢复力维度层
影响因子交互探测结果

$Xi \cap Xj$	$q(Xi)$	$q(Xj)$	$q(Xi \cap Xj)$	交互类型
$V-rm$(社)$\cap C-rm$(经)	0.6548	0.9144	0.9945	双协同
$V-rm$(经)$\cap C-rm$(生)	0.8686	0.4965	0.9869	双协同
$V-rm$(社)$\cap C-rm$(社)	0.6548	0.8506	0.9865	双协同
$V-rm$(经)$\cap C-rm$(经)	0.8686	0.9144	0.9782	双协同
$C-rm$(经)$\cap C-rm$(生)	0.9144	0.4965	0.9752	双协同
$C-rm$(社)$\cap C-rm$(经)	0.8506	0.9144	0.9620	双协同
$V-rm$(经)$\cap C-rm$(社)	0.8686	0.8506	0.9570	双协同
$V-rm$(经)$\cap V-rm$(生)	0.8686	0.3450	0.9502	双协同
$V-rm$(生)$\cap C-rm$(经)	0.3450	0.9144	0.9429	双协同
$V-rm$(社)$\cap V-rm$(经)	0.6548	0.8686	0.9410	双协同
$C-rm$(社)$\cap C-rm$(生)	0.8506	0.4965	0.9381	双协同
$V-rm$(生)$\cap C-rm$(社)	0.3450	0.8506	0.9042	双协同
$V-rm$(社)$\cap C-rm$(生)	0.6548	0.4965	0.8763	双协同
$V-rm$(生)$\cap C-rm$(生)	0.3450	0.4965	0.7878	双协同
$V-rm$(社)$\cap V-rm$(生)	0.6548	0.3450	0.7487	双协同

注：各探测指标释义：$V-rm$ 代表社会、经济、生态系统的脆弱性；$C-rm$ 代表社会、经济、生态系统的应对能力。

从两两因子间的互动作用来看，整体上，两因子互动作用的解释力计量值 q 均较高，15 对双因子互动解释力均值高于 0.90，其中前 3 位的组合分别是"经济脆弱性∩经济应对能力""经济脆弱性∩生态脆弱性""社会脆弱性∩社会应对能力"，结合前文分析可知，在 3 个时间节点各县域脆弱性、应对能力及恢复力指标均值的变动中，脆弱性指数整体处于较高水平，与应对能力与恢复力指数呈现出一定的偏差（见图 5 - 14），进一步印证脆弱性对县域尺度下恩施州旅游地恢复力的影响较大。

5.5.2 影响机理分析

恩施州旅游地社会—生态系统恢复力受到外部宏观政策与内部发展条件的共同影响。进入 21 世纪以来，西部大开发、乡村振兴、精准扶贫等国家发展战略以及退耕还林、天然林保护工程等国家重大生态保护政策的提出，及湖北省"两圈"发展战略的实施，成为恩施地区发展的重要宏观政策背景。在宏观政策指引下，恩施州结合自身实际，坚持走"生态立州、产业兴州、开放活州"的道路，使区域社会、经济得到长足发展。通过对相对宏观尺度下恩施州 8 县市恢复力进行定量测度，并结合前文地理探测器对风险因子的探测，本部分尝试对县域尺度下恩施州旅游地社会—生态系统恢复力影响机理进行探讨，正如交互作用探测结果所指，恢复力的形成是多因素共同作用的结果，并非某单一因素的独立作用，因此机理探讨更多关注于主要风险因子所反映的内在作用机理。

（1）区域交通通达性对恢复力有着直接影响

恩施州地处武陵山区，受山地地形影响，道路、桥梁修建难度大、成本高，区域的外部连通性及区域间交通连接度低，长期以来交通成为区域发展的瓶颈，2010 年恩施"两路"开通，打通了外部与恩施州的联系，使入恩"提速"，2020 年恩施州实现县县通高速，大大提升了区域内部的连通度。地理探测器结果显示，等级公路里程数（X_5）q 值居于各影响因素首位，表明交通条件对区域社会—生态系统恢复力影响十分显著。

（2）旅游经济发展条件与区域经济收入多样性是影响系统敏感性的主控因素

地理探测结果显示，县域旅游接待人次数（X_{14}）、旅游总收入（X_{12}）及旅游收入占 GDP 的比重（X_{13}），q 值较高，对区域恢复力影响较大。结合前文对县域脆弱性水平的分析，恩施、利川、巴东等旅游业起步较早的县域表现出较低的脆弱性水平；随着旅游收入占 GDP 比重的不断提高，对旅游业的过度依赖性使恩施、利川、鹤峰等县域脆弱性风险加剧，减弱了区域恢复力水平。

（3）社会与居民存储能力是提高系统应对能力的关键因素

根据地理探测器风险探测模块所得结果，金融机构存款余额（X_{11}）与年末居民存款余额（X_{20}）q 值较高，表明两者是影响系统应对能力的重要因素。应对能力表现为系统抗性，即系统面对外部扰动时，系统抗性与不稳定性的相互作用结果即为系统恢复力。

（4）生态本底条件是提高系统恢复力的基础

风险因子探测结果显示，景观格局指数（X_{24}）q 值较高，且在交互作用探测中，对恢复力解释力较高的前五项组合中该项因子出现频次数最高。以林地为景观基质的恩施州，生态环境十分敏感且生态修复能力较低，良好的生态环境塑造出恩施州不可替代自然环境条件。景观格局指数以客观的土地利用数据表征区域生态环境本底，探测结果显示，景观格局破碎化趋势将直接加剧生态系统的脆弱性水平。

5.6 本章小结

本章以县域为研究尺度，以恩施州 8 县市为研究区，在明确旅游地社会—生态系统恢复力概念和内涵特征的基础上，从脆弱性和应对能力两个方面，分别从社会、经济、生态 3 个子系统选取代表性指标，结合恩施州当地发展的实际，遵循系统全面、科学主导、动态针对、可量可行等原则，探索构建形成由 30 项测度指标组成的测度指标体系，运用集对分析法对 2000 年、2010 年、2018 年三个时间节点下恩施州旅游地县域尺度社会—生态系统恢复力进行定量测量。在辨析恩施州各县域系统恢复力水平空间分异格局的基础上，运用地理探测器方法，探测了影响区域旅游地 SES 恢复力差异的风险因子及因子间交互作用。研究发现：

从整体上看，恩施州县域整体恢复力指数均值分别为 0.454、0.463、0.455，均处于中等恢复力水平，变动幅度较小；脆弱性指数显示，县域整体脆弱性指数均值分别为 0.514、0.518、0.537，3 个时间节点下均处于中等脆弱性水平，呈现小幅提升趋势；应对能力指数显示，3 个时间节点下县域整体应对能力指数分别为 0.433、0.439、0.444，呈现提升态势。

从各县域的表现来看，恢复力指数计算结果显示，恩施市、利川市及巴东、咸丰、建始、来凤 6 县市恢复力水平处于中等水平，鹤峰、宣恩两县市恢复力水平处于低水平；脆弱性指数计算结果显示，各县域脆弱性指数均值在 0.3—0.7，恩施市脆弱性指数均值最低，建始县脆弱性指数均值最高；各县域 2000—2018 年应对能力指数的均值在 0.26—0.75，恩施市应对能力指数均值最高，鹤峰县应对能力指数最低。

从动态变化上来看，县域整体恢复力水平变动幅度较小，前 10 年中咸丰、建始增幅较大，后 8 年中巴东、建始、鹤峰县降幅最大；脆弱性整体呈现小幅提升趋势，其中恩施市增幅最多，咸丰县降幅最大；各县域应对能力结果显示，建始县应对能力提升幅度最大，咸丰县降幅最大。

从空间分异上看，北部恩施、利川两市始终处于恢复力较高水平阶段，南部咸丰、来凤由低水平区域转入较低水平区域；脆弱性相对高值区包括南部来凤、宣恩、鹤峰及北部建始县，恩施市与利川市为脆弱性的相对低值区；北部四县市（恩施市、利川市、建始县、巴东县）整体应对能力水平高于南四县（咸丰、来凤、宣恩、鹤峰），利川、建始、巴东、宣恩 4 县市均向高一级应对能力发展水平转化。

运用地理探测器"风险探测"与"交互作用探测"模块，本章还对影响恩施州 8 县域恢复力水平分异的风险因子及因子间互动作用了进行分析。研究发现：

指标层面上，区域交通水平、社会存储能力、旅游经济规模与效益、居民存储能力、经济收入多样性、地方财政、区域景观格局等 10 项因子是研究区恢复力的主要风险因子。

维度层面上，县域尺度下恩施州旅游地社会—生态系统恢复力，受经济与社会系统脆弱性与应对能力的作用较大。

交互探测结果显示，县域尺度下恩施州旅游地社会—生态系统的恢复力并不是由单一影响因子造成，而是不同影响因子共同作用的结果。基于地理探测器结果，本书探讨了主要风险因子所反映的县域尺度下，恩施州旅游地社会—生态系统恢复力形成的内在作用机理。

第6章

村域尺度下恩施州旅游社区恢复力测度及影响机理

对旅游社区恢复力进行定量化测量，是理解处于不同发展阶段或不同发展模式下旅游社区如何应对外在环境与社会变化的重要方式。本章聚焦恩施州具有代表性的 8 个旅游社区，从社会、经济、生态、制度与感知 5 个维度，构建旅游社区恢复力评价框架，定量表征、对比分析旅游社区恢复力水平，并在此基础上提炼恩施州旅游社区恢复力的关键影响因素，揭示各因素的综合作用机理。

6.1　研究思路与评价框架

社区是指聚居在一定地域范围内的人们所组成的社会共同体（魏娜，2003），旅游业是旅游社区重要的经济来源。旅游业作为高敏感性与强鲁棒性特征兼备的产业，其发展受到一系列不确定因素的影响，同时旅游业作为高度资源依赖型产业，多处于生态环境脆弱区域。因此，面对诸多不确定因素，旅游社区恢复力为增强社区生计、推动社区可持续发展提供了新的解决路径。Adger 将社区恢复力表述为处理外部由政治、社会与环境变化带来的压力与扰动的能力（Adger W Neil，2000）。关于社区恢复力的测度，学者提出旅游社区的经济、社会、管理和环境因素有机耦合推动了社区的可持续发展，基于此提出从社会恢复力、经济恢复力、制度恢复力和生态恢复力 4 个维度对旅游社区恢复力进行测量（Holladay，2013）。相对社区而言，社区成员在面对压力和扰动时响应的能动性，对社区恢复力的提升有着重要影响，因此在关键指标选取时，有必要纳入行动者感知指标。指标体系法是较为成熟的测度方法，即基于旅游社区恢复力的概念内涵与评价框架，选取与之密切相关且易于量化的关键指标，通过指标量化、权重赋值、综合评价等步骤，计算得出旅游社区恢复力指数。案例地恩施州为典型的山区旅游地，山区旅游地地形变化复杂，物质与能量交换受多因素影响，其社会生态环境具有一定的独特性（杜腾飞等，2020），因此，本章节以旅游社区恢复力概念内涵为基础，从社会、经济、生态、制度、感知 5 个维度出发，综合考虑研究区的山地特殊性及社区成员的主观能动性，构建恩施州旅游社区恢复力测度指标体系（见表 6 - 1）。

表 6-1　　　　　　　　　　　　恩施州旅游社区恢复力测度指标体系

目标层	准则层	指标层	权重	向性	指标描述
恩施州旅游社区恢复力	社会维度	X_1外出务工人数占比	0.153	−	反映社区人口稳定性
		X_2区位条件	0.023	−	选用距离最邻近乡镇的距离（km）
		X_3社区基层医疗条件	0.078	+	反映基本医疗条件，由村卫生室医师数与床位数构成
		X_4社会保险参保率	0.045	+	选用医保与社保参保率均值表示
	经济维度	X_5人均年收入	0.060	+	反映社区经济条件
		X_6农家乐户均年收入	0.060	+	反映旅游社区参与旅游业主要经营方式的收益水平
		X_7社区收入多样性	0.155	+	以行业为划分标准，对社区主要家庭收入方式进行统计①
		X_8信贷机会	0.023	+	反映扩展生产要素或家庭经济向稳定过渡的机会
	生态维度	X_9地形位指数	0.077	−	综合反映地形与高程作用，值越高，地表不稳定性越大
		X_{10}植被覆盖率	0.031	+	反映旅游社区生态平衡状况
		X_{11}旅游环境效应	0.190	−	社区旅游活动产生的碳排放量
	制度维度	X_{12}领导班子平均受教育年限	0.036	+	反映社区政治精英文化水平
		X_{13}领导班子女性占比	0.004	+	反映社区政治精英性比
		X_{14}村党员数量	0.009	+	反映社区党员规模
		X_{15}村民参与决策	0.019	+	反映社区成员决策参与度
	感知维度	X_{16}对外在风险预判能力	0.014	+	五点量表获取
		X_{17}对外在机遇预判能力	0.014	+	五点量表获取
		X_{18}对旅游业支持态度	0.003	+	社区成员对旅游业发展支持与否态度，五点量表获取
		X_{19}对旅游业恢复信心	0.006	+	以COVID-19为访谈案例，信心度由五点量表获取

注："+""-"表示与社区恢复力呈正、负相关关系。

---

① 按行业类型并结合调研获取的资料，将恩施州旅游社区收入方式进行如下划分：粮食种植（谷物、马铃薯等）；经济作物种植（烟、茶、果木、花卉、药材等）；蔬菜种植；养殖［禽类、牲畜、昆虫（蜜蜂）等］；劳务输出/外出务工；住宿接待；餐饮接待；景区旅游接待；纪念品及特产销售；旅游表演；旅游交通运输；土地/房产租赁，共计12项。

社会维度恢复力主要从人口结构稳定性、区位联系、医疗设施与社会保障4个方面表征，选取外出务工人员占比（X_1）、距离最近乡镇距离（X_2）、村卫生室医疗机构床位数（X_3）、社会养老保险与医疗保险参保率（X_4）进行反映；经济维恢复力主要考虑区域经济增长的能力，选用人均年收入（X_5）与农家户均收入（X_6）反映社区经济增长的数量指标，选用社区收入多样性（X_7）反映社区经济活动的多样性，选用社区信贷机会（X_8）反映社区农户扩展生产要素或家庭经济由不稳定向稳定过渡的机会；生态维恢复力选用海拔、坡度构成的地形指数（X_9）与植被覆盖率（X_{10}）反映研究区的山地特殊性，选用因旅游活动产生的碳排放量均值反映区域旅游活动的生态环境效应（X_{11}）；制度维主要从社区"政治精英"与社区成员两个角度出发，选用领导班子受教育年限（X_{12}）、女性占比（X_{13}）反映社区决策领导队伍的文化水平与性别比例，党员是社区发展生产、公共服务与突发事件应对的排头兵，选用社区党员数量（X_{15}）反映其规模，选用五点量表获取村民决策参与度（X_{14}）；感知维从社区成员角度出发，选取成员对潜在威胁与机会分析、预判的能力（X_{16}、X_{17}）、对社区发展旅游业的态度（X_{18}）及突发公共卫生事件下对旅游业恢复的信心（X_{19}）等指标进行表征。

6.2 研究设计

6.2.1 案例地选择

为从社区尺度分析恩施州旅游地社会—生态系统恢复力，本书选取具有典型性和代表性的旅游社区为案例地。以旅游地生命周期理论为依据，结合学者们提出的旅游地生命周期判别依据（陆林，1997；王德根等，2011）及恩施州旅游业发展的实际情况，本书共选取8个旅游社区为案例地（见图6-1），分别为恩施市沐抚办事处营上村、恩施市盛家坝乡二官寨村、宣恩县万寨乡伍家台村、宣恩县沙道沟镇两河口村、利川市东城办事处长堰村、利川市东城办事处白鹊山村、来凤县三胡乡黄柏村、建始县花坪镇小西湖村。8个社区中处于旅游发展探索阶段、参与阶段、发展阶段与稳固阶段的社区各两个，案例社区在恩施州的地理位置如图6-1所示。

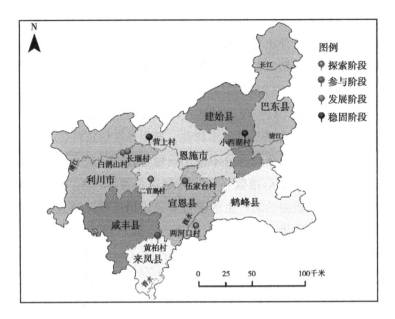

图 6-1 案例地区位示意图

注：地图来源于湖北省地理信息公共服务平台网站下载的标准地图［审图号：鄂州 S（2021）002 号］。

6.2.2 数据来源

本章节采用实地考察、深入访谈、入户问卷调查等方式，获取一手资料数据，同时借助恩施州人民政府、州文化和旅游局、州统计局等相关门户网站获取二手信息数据。一手数据获取过程如下：

基于 2017 年 4 月 20 日—4 月 26 日、6 月 28 日—7 月 13 日的调研资料与实地走访，完成案例地筛选、案例地资料收集、调研问卷设计与访谈提纲确立等工作，由 5 名研究生（2 名博士研究生，3 名硕士研究生）组成调研团队，于 2020 年 8 月 11 日至 9 月 2 日前往调研点进行调研，共计调研时间 23 天。调研中，2 名调研员（博士研究生）对旅游社区负责人（村书记、主任）、投资与经营主体负责人（公司经理、主任等）、企业管理人员等进行半结构访谈，访谈内容主要围绕 4 个方面进行：①旅游社区基本概况（人口结构与流动情况、自然生态、生计来源、基础设施等）；②社区旅游业发展概况（发展历程、参与方式、经营状况、公共服务、市场主体等）；③突发公共事件下社区旅游市场恢复情况（客源情况、农户参与情况、政策应对等）；

④社区脱贫概况（贫困程度、致贫原因、扶贫措施、脱贫完成情况等），调研共计走访9位村长（主任）、3位景区负责人、2位企业负责人、1位返乡创业人员，整理获得2万字左右的文字资料。此外5名调研员采用随机入户进行面对面访谈式的问卷调查，并当场回收问卷，每份问卷访谈时间约20—40分钟，同时借助GPS定位工具，对访谈社区农户的地理经纬度进行定位，各调研农户点位置如图6-2所示。调研最终共获取问卷435份，其中有效问卷425份，回收有效率为97.70%。

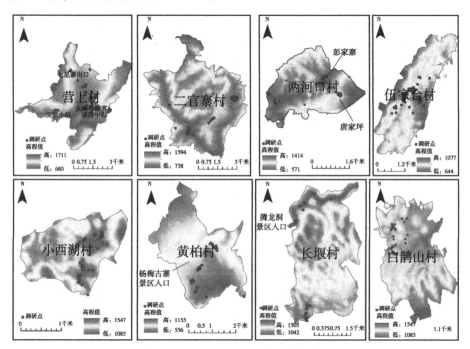

图6-2 案例社区及调研点示意图

资料来源：根据各村委会提供的村域图（JPG），结合卫星影像地图，在ArcGIS中地理配准后，矢量化完成，坐标系选择GCS_Xian_1980。

6.2.3 数据处理与分析方法

（1）数据标准化处理

运用极差标准化方法（万紫昕等，2017），对旅游社区恢复力各不同单位与量级的数据进行处理，所有指标数据标准化后的值均基于0—1之间，以便于不同旅游社区之间社会维度、经济维度、生态维度、制度维度、感知维度恢复力指数的测算与对比分析。具体公式见前文 5.3.1。

（2）层次分析法

层次分析法（Analytic Hierarchy Process）由美国运筹学家 Saaty 于 1970 年提出，层次分析法是将要解决的问题、决策分解为目标层、准则层、指标层，以此为基础进行定性和定量分析的权重确定方法（邓雪等，2012）。其计算过程主要包括计算目标—准则层单权重、计算准则—方案层单权重、计算组合权重（见图 6-3）。具体操作步骤如下：

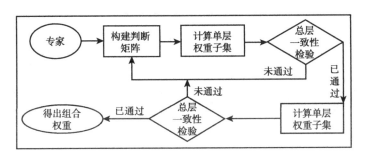

图 6-3　层次分析法计算过程

资料来源：本图根据彭国甫等（2004）的研究修改得到；彭国甫，李树丞，盛明科. 应用层次分析法确定政府绩效评估指标权重研究 [J]. 中国软科学，2004（06）：136-139。

第一，分别构造目标—准则层、准则—方案层判断矩阵，并通过专家打分法确定各因子间的相对重要性系数。重要性系数 1、3、5、7、9 分别表示两个因素具有相同的重要性、前者比后者稍重要、前者比后者明显重要、前者比后者强烈重要、前者比后者极端重要，2、3、4、8 位中间系数（丁蕾等，2006），倒数为后者对前者重要性程度的值，记重要性系数为 X_{ij}。

第二，解判矩阵特征向量。矩阵特征向量为按行计算几何平均值后，对该值进行标准化后的数据，矩阵特征向量即准则层/指标层的单权重。几何平均值计算公式如下：

$$W = \sqrt[n]{X_{11} \times X_{12} \times X_{ij}} \tag{6-1}$$

式中，W 表示几何平均值，X_{ij} 表示因子 i 对因子 j 的重要性系数，n 为矩阵阶数。

第三，一致性检验。根据计算得到的矩阵特征向量，得到最大特征根 λ_{max}，λ_{max} 为判断矩阵与矩阵特征向量乘积之和。将 λ_{max} 代入一致性检验公式进行检验，公式如下：

$$CI = (\lambda\_\max - n)/(n - 1) \tag{6-2}$$

$$CR = CI/RC \tag{6-3}$$

式中，CI 为一致性指数，n 为矩阵阶数，RC 为随机一致性指数（吕跃进，2006）[①]。如果 $CR < 0.1$，则判断矩阵满足一致性要求（耿松涛等，2020）。

第四，计算组合权重。将准则层与指标层权重相乘，得到最终权重（见表 6-1），公式如下：

$$U_i = Z_i \times M_i \tag{6-4}$$

式中，U_i 为指标 i 的最终权重，Z_i 为准则—指标层判断矩阵计算得到的各指标的矩阵特征向量，M_i 为目标—准则层判断矩阵计算得到的指标 i 对应准则层的矩阵特征向量。层次分析法获取的权重如表 6-1 所示。

（3）综合指数法

利用统计学方法将各指标结果综合为旅游社区恢复力指数，以反映旅游社区恢复力的相对大小。根据分析思路与评价框架，采用加权求和法计算旅游社区恢复力水平，公式如下：

$$R_i/V_S/R_E/R_{Eco}/R_O/R_P = \sum_i^n w_j X'_{ij} \tag{6-5}$$

$$R_i = R_S + R_E + R_{Eco} + R_O + R_P \tag{6-6}$$

式中，R_i、R_S、R_E、R_{Eco}、R_O、R_P 分别表示旅游社区恢复力指数（Resilience）、社会恢复力指数（Social - Resilience）、经济维恢复力指数（Economic - Resilience）、生态维恢复力指数（Ecology - Resilience）、制度维恢复力指数（Organization - Resilienc）、感知维恢复力指数（Perception - Resilience），w_j 表示第 j 项指标的权重，X'_{ij} 表示旅游扶贫地第 j 项指标的标准化值。

（4）地理探测器

相较于统计学中经典的线性回归模型，地理探测器对于小于 30 的低样本数据具有更优的统计精度，并对多变量共线性免疫（王劲峰，2017）。运用"因子探测"与"交互探测"两大模块，对旅游社区恢复力的风险因素及其相互作用进行分析。原理与公式见 5.3.4 节。

（5）地形位指数

地形条件是山区旅游业发展的重要生态本底条件，为定量分析区域海拔

---

① 1 至 9 标度下矩阵随机一致性指数（RC）依次为：0，0，0.52，0.89，1.12，1.26，1.36，1.41，1.46。

与坡度对社区的综合影响，本书引入地形位指数对其进行分析，计算公式如下（喻红等，2001；陈利顶等，2008）：

$$T = \lg\left[\left(\frac{E}{\bar{E}} + 1 \right) \times \left(\frac{S}{\bar{S}} + 1 \right) \right] \qquad (6-7)$$

式中，T 表示地形位指数；E 和 $\bar{E}$ 分别表示区域内任意位置的海拔高程和区域整体的平均海拔，S 和 $\bar{S}$ 分别表示区域内任意位置的坡度与区域整体的平均坡度，高程越高、坡度越陡，则地形位指数越大，反之则越小。本书运用 ArcGIS 中"栅格计算器""提取至点"等工具，计算并提取 8 个案例社区的地形位指数。

(6) 碳足迹测算方法

碳足迹是指人类生产和消费活动中所排放的温室气体的总量（赵荣钦等，2010），碳足迹破除了"有烟囱才有污染"的观念（王微等，2010），并广泛用于评价某项活动因能源消耗而产生并排放的温室气体对环境的影响（侯彩霞等，2014）。本书运用生命周期评价法，以社区中旅游从业农户为最小统计单位，从食物生产、能源利用、交通运输及房屋建设 4 个方面，计算旅游旺季案例社区户均月二氧化碳排放量测算碳足迹。碳足迹计算公式如下：

$$C_i = C_{if} + C_{ie} + C_{it} + C_{ih} \qquad (6-8)$$

式中，C_i 为旅游旺季下旅游社区农户 i 的碳足迹，C_{if} 为农户 i 食物生产产生的碳足迹，C_{ie} 为农户 i 能源加工碳足迹，C_{it} 为农户 i 交通运输碳足迹，C_{ih} 为农户 i 房屋建设碳足迹，各结果测度单位均为户均月排放量。食物消费碳足迹包括食物生产过程中消耗化肥和农药带来的碳排放及食物加工、运输和消费过程中产生的碳排放，此处交通运输碳排放包含于交通运输部分，这里仅测算食物加工时产生的碳排放，食物碳足迹计算公式为：

$$C_{if} = C_{im} \times A_f \qquad (6-9)$$

式中，G_{im} 为旅游社区第 i 户食物的消费量；A_f 为生产和加工食物的单位碳排放系数①。

能源碳足迹主要是指旅游社区农户在旅游旺季因接待旅游者而产生的炊

---

① 粮食生产中，生产 1kg 粮食、植物油和蔬菜分别需要 5.6kg、7.5kg 和 3.5kg 的化肥及 0.002kg 的农药，化肥与农药的碳排放系数分别为 0.90kgCO₂/kg、4.93 kgCO₂/kg；初加工主要是指消耗电能产生的碳排放，粮食、植物油消耗电能的碳排放系数分别为 9.11 kgCO₂/kg、35.71 kgCO₂/kg（吴燕等，2011）；生猪肉与鸡蛋的碳排放系数分别为 1.56 kgCO₂/kg、1.33 kgCO₂/kg（曹淑艳等，2014）。

事、照明和取暖方面所产生的碳排放。调研发现，恩施州旅游社区所涉及的能源原材料主要包括：薪柴、煤炭、电力、液化气与天然气 5 类。计算公式如下：

$$C_{ie} = C_{im} \times A_e \tag{6-10}$$

式中，G_{im} 为旅游社区第 i 户能源的消费量；A_e 为单位能源的碳排放系数[①]。

交通碳足迹主要是指旅游社区农户在旅游旺季，为采购原材料、运输客人等所产生的碳排放。本书根据实地调研访问得到的旅游社区农户在旅游旺季的旅游交通运输加油花费与恩施州在调研时间段内的平均汽油/柴油价格，计算得出旅游社区农户的交通燃料使用量。计算公式如下：

$$C_{ie} = C_{im} \times A_e \tag{6-11}$$

式中，G_{im} 为旅游社区第 i 户交通燃料消费量；A_e 为单位能源的碳排放系数[②]。

房屋建设碳足迹主要包括建材生产和房屋修建两部分（李波等，2011），按照房屋 70 年使用寿命计算得到旅游社区农户每月房屋碳足迹，计算公式如下：

$$C_{ih} = C_{im} \times A_h \times n/70/12 \tag{6-12}$$

式中，G_{im} 为旅游社区第 i 户每平方米房间建设材料的能源消耗量；A_h 为单位能源的碳排放系数[③]，n 为房屋面积（m^2）。

6.3 山区民族旅游社区旅游发展特征

6.3.1 旅游社区发展阶段特征

20 世纪 60 年代，德国地理学家克里斯·泰勒提出目的地生命周期的概念（The Concept of Destination Life Cycle），20 年后加拿大地理学家巴特勒（Bulter）将产品生命周期理论（Products Life Cycle）引入旅游研究，提出了旅游地生命周期理论，并将旅游地的发展演化划分为探索阶段、参与阶段、

---

① 能源消耗的碳排放系数为：新柴 1.436、煤炭 2.53、液化气 3.16、天然气 2.67、电 0.85、水 0.3（武红等，2013）。

② 交通消耗的碳排放系数为：汽油 2.2，柴油 2.73（黄祖辉和米松华，2011）。

③ 建造 1 平方米房屋需要水泥 236kg、钢筋 38.8kg、砂石 145kg、碎石 343.7kg，其对应的碳排放系数分别为 0.80、1.92、1.08、0.61（龚志起等，2004）。

发展阶段、巩固阶段、停滞阶段、衰落或复苏阶段 6 个阶段。通过整理调研获取的旅游社区访谈资料、实地观察材料和村情统计数据，以旅游社区年游客接待量、市场主体及社区成员参与旅游业的规模情况、旅游接待设施情况等为依据，对 8 个调研社区所处的旅游发展阶段进行划分。结果显示，旅游发展稳固阶段、发展阶段、参与阶段与探索阶段分别对应营上村与小西湖村、白鹊山村与长堰村、黄柏村与伍家台村、二官寨村与两河口村（见表 6 - 2）。

（1）稳固阶段

营上村地处国家 5A 级旅游景区、国家地质公园恩施大峡谷景区核心区域，是由 12 个村小组构成的行政村，村域面积 22.93 平方千米，随着恩施大峡谷景区的修建、开发，旅游业成了全村支柱产业。2019 年全村共接待游客 170 万人次，食住行游购娱等设施齐全，景区配套有度假酒店一座（恩施女儿寨度假酒店），全村共有农家乐/民宿 143 家，旅游商铺 200 余间，同时拥有两个旅游服务队（轿业公司、背篓公司）为游客提供入谷服务。恩施大峡谷由国有控股公司恩施大峡谷旅游开发有限公司开发，由其管理的恩施大峡谷景区、女儿寨酒店为社区提供近千余个就业岗位，旅游业带动下，全村常住人口超出户籍人口。此外随着旅游业发展，外地投资商入驻营上村，提升了营上村旅游接待设施的品质①（见图 6 - 4）。

小西湖村毗邻建始县花坪镇，是由 7 个村小组构成的行政村，村域面积 1.5 平方千米。2015 年入选第三批全国特色景观名村，受地形因素影响，小西湖村夏季最高温低于 28℃且湿度适宜，加之又有黄鹤桥与野三河可供游览，成为恩施州著名的避暑旅游地。全村共有农家乐/民宿 204 户，旅游从业人员 600 余人，小西湖村最大承载力为 2 万人次。调研数据显示，每年 6 月底至 9 月初为旅游旺季，以长住型避暑游客为主，且入住率较高，游客多来自武汉、重庆等地。随着避暑游客的不断增多，旅游地产在小西湖村逐步出现②（见图 6 - 5）。

---

① 2017 年后，恩施大峡谷旅游接待人次数迅速提升，随着旅游市场的不断扩大，外地投资商纷纷进入营上村进行旅游投资与经营。调研中发现，近年来新营业的民宿在建筑外观、内饰装潢、客房设计、庭院小品等方面逐渐呈现风格化、精品化趋势，民宿硬件设施逐渐品质化、便利化（电梯），接待服务逐渐专业化、个性化，而这些民宿的经营者多为外地投资者或企业，而非当地居民。

② 由湖北建始清江旅游发展有限公司投资建设的小西湖村首个楼盘，于 2019 年开盘，售价 6800 元/平方米，以小户型为主，据了解，主要购房者多为重庆、武汉等避暑的游客。

山区旅游地社会—生态系统恢复力研究

136

表6-2　案例地生命周期划分结果与依据①

名称	社区面积（km²）	社区户/人口数	游客数量	市场主体情况	旅游投资	阶段划分
营上村	22.93	1872/8500	年游客接待量170万人次	143户农家乐/民宿，百余间旅游商店、餐饮小吃店、工艺品店，因旅游原因，村常住人口达1万人	恩施大峡谷旅游开发有限公司②	稳固阶段
小西湖村	1.5	365/1121	社区最大接待量2万人，每年6月底至9月底基本处于满房状态	204户农家乐/民宿，全村旅游从业人员600余人，清江旅游发展公司拥有员工238名	湖北建始清江旅游发展有限公司③	稳固阶段
白鹊山村	6.79	448/1844	社区最大接待量2千人，每年6月底至8月底入住率较高	拥有民宿69家，床位数1560张，拥有室外游乐场1座，旅游从业人数约100人	湖北省昌隆生态农业有限公司；利川市龙船调民宿旅游开发有限公司	发展阶段
长堰村	12.58	428/1079	—	8家农家乐、小吃、工艺品、旅游用品等商铺30个，陶龙洞景区提供30个工作岗位	湖北龙昌旅游开发有限责任公司	发展阶段

① 数据来源：访谈资料及村情资料。

② 恩施大峡谷旅游开发有限公司是国有控股企业，该公司是恩施旅游集团的控股子公司，恩施旅游集团持股70%，恩施城投持股30%，恩施旅游集团是湖北旅游投资集团有限公司（原鄂旅投）的二级子公司。

③ 湖北建始清江旅游发展有限公司为一家民营企业。

续表

名称	社区面积（km²）	社区户数/人口数	游客数量	市场主体情况	旅游投资	阶段划分
黄柏村	10.8	445/1666	—	4家农家乐、小吃、特色纪念品商店5家	来凤县龙凤旅游开发投资有限公司①	参与阶段
伍家台村	8.5	668/2087	—	10家农家乐，200张床位，600个餐位	恩施伍家台旅游发展有限公司	参与阶段
三官寨村	34.09	816/3015	—	9家农家乐，1家农家餐馆，旅游从业人员50人左右	—	探索阶段
两河口村	8.62	416/1423	—	5家农家乐	湖北彭家寨旅游开发有限公司②	探索阶段

① 来凤县龙凤旅游开发投资有限公司为来凤县政府出资的国有独资企业。
② 彭家寨旅游开发有限公司是由宣恩县人民政府出资成立的县属国有企业，彭家寨旅游规划设计团队为华中科技大学李保峰教授团队。

图 6 - 4　营上村农家乐/民宿

注：上图：早期营上村农家乐；下图：近期新营业民宿；作者摄于 2020 年 8 月。

图 6 - 5　小西湖农家乐/民宿及旅游地产

注：上图：已建成/建设中的旅游地产项目；下图：湖边邻近的/农家乐民宿；作者摄于 2020 年 8 月。

（2）发展阶段

白鹊山村位于利川市东部，村域面积 6.79 平方千米，是由 13 个村小组构成的行政村。白鹊山村距离利川城区 10 千米，318 国道横贯其中，区位优势明显。2016 年白鹊山村纳入全市乡村民宿旅游扶贫示范村，目前全村共有民宿 69 家（昌隆公司改造 6 户，农户自改 63 户），拥有房间数 852 间，床位数 1560 张，此外白鹊山还拥有户外游乐项目 20 余项，以避暑型游客为主，暑期（6—8月）为旅游高峰期，全村旅游从业人员逾百人。湖北昌隆生态农业有限公司①、利川市龙船调民宿旅游开发公司等先后入驻白鹊山开展旅游投资活动。

长堰村位于利川市东北部，村域面积12.58平方千米，是由13个村小组构成的行政村，国家5A级旅游景区腾龙洞②位于辖区内，旅游路环形贯穿。乡村民宿旅游业是长堰村重要的经济来源。目前全村共有农家乐8家，小吃、工艺品、旅游纪念品等旅游商铺30余家。目前全村旅游从业人员近百人，其中除经营旅游民宿、旅游商铺外，全村有30余人在腾龙洞景区工作。腾龙洞景区于1997年由黄山旅游发展总公司开发经营，2018年江西旅游集团控股的湖北龙昌旅游开发有限责任公司收购景区经营权。笔者拍摄部分照片如图6-6所示。

图6-6　白鹊山与长堰村民宿

注：笔者摄于2020年8月。

（3）参与阶段

黄柏村位于来凤县三胡乡北部，是由14个村小组构成的行政村，村域面积10.8平方千米。2009年黄柏村被评为湖北省旅游名村，2013年入选第二

① 昌隆生态农业有限公司负责人XCG先生，于2015年响应家乡号召，来到白鹊山村开展观光农业、生态农业等投资工作。该公司共流转土地1500余亩，覆盖白鹊山村与交椅台村两个社区，主要通过土地利用规划与整合、民宿设施改造、民宿配套设施建设、户外游乐园建设等形式参与当地旅游业及旅游+农业的开发与管理。在该公司带动下，共计惠及、带动135户贫困户脱贫，创造就业近100余人。

② 2020年12月，腾龙洞被国家文化和旅游局公布为5A级旅游景区。

批中国传统村落，2014 年被评为中国首批少数民族特色村寨。黄柏村位于杨梅古寨景区内，杨梅古寨景区于 2014 年评为国家 4A 级旅游景区，全村杨梅种植面积达 1000 亩，依托杨梅古寨、杨梅节（2016 年始办），黄柏村旅游业快速发展。全村共有农家乐近 10 家，其中拥有住宿设施的农家乐 4 家（见图 6 - 7），杨梅古寨景区由来凤县龙凤旅游开发投资有限公司投资。

图 6 - 7　黄柏村与伍家台村旅游吸引物及农家乐

注：作者摄于 2020 年 8 月，上图中左一图来源于百度百科，https://baike.baidu.com/item/杨梅古寨/17680833。

伍家台村位于宣恩县万寨乡集镇南部，是由 17 个村小组构成的行政村，村域面积 8.5 平方公里。伍家台村是宣恩县贡茶产业经济带的中心，是闻名遐迩的贡茶发源地，全村现有茶园面积 4545 亩，人均茶园面积 2 亩。2016 年伍家台乡村休闲度假区被评为 4A 级旅游景区，2017 年伍家台村入选第二批中国少数民族特色村寨。全村共有农家乐 10 家，可提供 200 张床位、600 个餐位，旅游从业人数 30 余人（见图 6 - 7）。民营企业昌臣茶业有限公司是景区主要市场投资主体，该公司下设的恩施伍家台旅游发展有限公司负责景区运营管理①。

---

① 昌臣茶业有限公司的主要业务范围为：茶叶种植、收购、加工、销售与旅游开发。在茶业经营方面，主要采取"公司＋基地＋农户"的方式，公司通过租赁农户土地、与农户签订茶叶订购合同等方式，与茶农形成紧密的合作帮扶关系，企业帮助当地茶农改善茶园基础设施与环境，如整理茶园用地、提供有机肥料和生物杀虫设施等，茶农根据公司要求种植、采摘茶叶，公司按照市场价格收购茶叶。此外，通过大茶企带小茶企的方式，联合周边村庄共 34 家小型茶叶加工企业，开展精品茶叶加工、生产。

（4）探索阶段

二官寨村位于恩施市盛家坝乡东北部，是由 5 个自然村构成的行政村，村域面积 34.09 平方千米。村内拥有胡家大院、康家大院等吊脚木楼建筑群（见图 6-8），二官寨村先后被评为中国传统村落、中国十大最美乡村、全国首批森林乡村、中国美丽休闲乡村、全国乡村旅游重点村等，2014 年二官寨景区被评为国家 3A 级旅游景区，盛家坝乡政府先后投入 3000 多万元，对特色民居进行保护性修缮、硬化道路、新建风雨桥、游客接待中心、步游道、公共厕所、停车场等基础服务设施，目前全村共有农家乐 10 家，其中具有餐饮和住宿功能的农家乐 9 家，全村旅游从业人员约 50 人。

图 6-8　二官寨与两河口村概况

注：彭家寨吊脚楼群为网络下载图片，来源于 https://www.huitu.com/photo/show/20150205/160016465200.html；其余图片作者摄于 2020 年 8 月。

两河口村位于宣恩县沙道沟镇，是由 8 个自然村构成的行政村，村域面积 8.62 平方千米。彭家寨是两河口村第 8 村民小组，彭家寨拥有 21 栋保存完好且造型优美的土家吊脚楼建筑群，2008 年入选第四批中国历史文化名村，2013 年被纳入全国第七批重点文物保护单位。两河口村最早的农家乐出现于 2007 年，目前全村共有农家乐 12 家，其中仅有不到半数农家乐可提供住宿服务。2017 年宣恩县联合华中科技大学李保峰教授团队，编制《中国土家泛博物馆（彭家寨）修建性详细规划》，以彭家寨为核心，规划面积 6.66 平方千米，目前主体建筑已完成（见图 6-8）。

6.3.2 旅游社区开发模式特征

不同类型的资源要素形成了不同的旅游开发模式，我国学者分别从经营主体参与方式（郑群明、钟林生，2004）、资源类型（杨峰，2020）、旅游地组织管理（邹统钎，2005）等角度对我国乡村旅游地的开发模式进行了分类探讨与对比研究。研究结果表明，不同旅游开发模式下的旅游地，其在精准扶贫（唐承财，2020）与乡村振兴（王超等，2018）、社区带动（韩笑，2011）与效益持续性（刘丽君等，2008）等方面有着较大差异。借鉴相关研究成果（Yu，2019），本书选取旅游社区的区位（Location）、产业（Industry）、文化（Culture）三要素为判别依据，对案例社区旅游开发模式进行识别。其中区位代指地理区位、自然资源和交通条件等内容（Yu，2019）；产业代指支撑旅游业的其他产业如农业（Pillay M 等，2013）、住宿业（Adiyia等，2018）等；文化代指旅游社区所特有的可供旅游业开发的文化资源（Rogerson，2006）。通过整理调研获取的实地观察与入户访谈的材料，以旅游社区区位、产业、文化为判别要素，对 8 个案例社区的旅游开发模式进行判别，结果如表 6-3 所示。

表 6-3　　　　　　案例地旅游开发模式划分结果与依据

旅游社区	优势要素	优势要素名称	模式判别
营上村	邻近景区	恩施大峡谷	优势景观资源主导
长堰村	邻近景区	腾龙洞	
伍家台	规模农业	有机贡茶生产基地	生态休闲农业主导
黄柏村	规模农业	藤茶基地、杨梅种植	
小西湖村	非农产业	避暑民宿	民宿农家乐主导
白鹊山村	非农产业	避暑民宿	
二官寨	物质与非物质文化	胡家大院、康家大院（干栏式建筑）	传统民族文化主导
两河口	物质与非物质文化	彭家寨土家吊脚楼群、薅草锣鼓等	

（1）优势景观资源主导模式

根据表 6-3 所示，营上村与长堰村为优势景观资源主导模式。采用该模式的旅游社区，处于高级别旅游景区的核心区域，并以景区的优质景观资源带动的游客消费为主要收入来源。如图 6-9 所示，营上村地处恩施大峡谷的核心区域，是大峡谷游客接待中心、云龙地缝景区、大峡谷女儿寨度假酒店所在地，在景区带动下，通过承接景区的建设管理、餐饮与住宿为主的旅游服务、农副产品供应等，社区得到较快发展。腾龙洞景区主要位于长堰村1组区域，除长堰村外，位于西侧的新桥村成为游客进入腾龙洞的必经之路，随着腾龙洞景区知名度的不断提升，长堰村、新桥村通过经营旅游商店、民宿/农家乐等参与形式，向游客提供旅游服务。此外，发放征地补偿款或提供再就业机会①（低租金提供商铺、景区工作岗位优先选择等），成为景区占用农户土地常用的补偿方式，一定程度上为农户提供了参与旅游业的原始资本或机会。

图6-9　恩施大峡谷主要景点在营上村的位置

注：营上村村委会提供。

（2）生态休闲农业主导模式

根据表6-3所示，伍家台村与黄柏村为生态休闲农业主导模式。采用该

---

① 恩施大峡谷七星寨商铺经营者王××，进行问卷访谈中提及：我家里有20亩山林2008年的时候被占了，当时给了我们40万元补偿款，如果占的是田地或者宅基地，那给的更多；大峡谷游客接待中心附近的农家乐"楚阳山庄"经营者，最初经营资金来自景区提供的补偿款，景区在开发时征用了10亩田地，每亩提供补偿款4.2万元；长堰村村主任王书记访谈中提及：腾龙洞景区门口的摊位，优先供1组村民选择，并且租金也较外村人便宜很多。

模式的旅游社区，其主要收入来源为传统农作物种植、果蔬茶采摘与售卖、花卉苗圃观赏与销售等。相较于优势景观资源主导模式，其景观资源特色较为薄弱，主要业态相对单一。其中宣恩县万寨乡伍家台村主要以较大规模茶叶种植及加工为主，在此基础上发展了部分农家乐/茶家乐，但数量较少且档次较低。虽然社区中增加了旅游吸引物（乾坤壶、文化广场）与旅游设施（步游道、公共厕所），但其旅游吸引力仍有待提升。黄柏村拥有历史悠久的杨梅种植历史，村域内拥有天然古杨梅群落，1985 年全村开始大范围种植杨梅，至今全村共有杨梅 1000 亩，户均杨梅种植面积达 4—5 亩。基于杨梅种植传统，黄柏村通过举办杨梅节、杨梅销售、杨梅酒酿造等吸引游客，并在此基础上发展农家乐①。

（3）民宿农家乐主导模式

根据表 6-3 所示，小西湖村与白鹊山村为民宿农家乐主导模式。采用该模式的旅游社区，通过发展民宿农家乐的方式，为外来游客提供餐饮、住宿及相关体验项目，并以此带动社区居民获得经济收入。如毗邻花坪镇的小西湖村以特殊的气候条件②为基础，加之周边旅游景区的开发，在社区农户自发参与或市场推动③被动参与下，为避暑型常住旅游者提供"包月式"④餐饮、住宿服务，以此获得经济收入。此外小西湖以南的新溪村与黄鹤村，民宿农家乐也迅速发展。白鹊山村通过引入市场主体（湖北昌隆生态农业有限公司）拉动社区民宿业，打造民宿品牌，同时兴建户外游乐项目以增加社区旅游吸引力。由于游客停留时间较长，民宿农家乐的游客与民宿户主之间易于建立紧密的联系，因此这类型旅游社区客源市场相对稳固。

---

① 在此需要特殊说明的是，黄柏村虽然位于杨梅古寨景区腹地，但由于黄柏村辖区内进入景区的旅游公路发生严重的交通事故，道路重新规划与修整未能得到村民支持，导致景区经营一度陷入困境，后续投资与日常经营管理很难维续，景区日渐萧条。因此本书将其划分为生态休闲农业主导模式。

② 小西湖村平均海拔 1250 米，四周群山环保，中间为一片湖水，由于与清江一山之隔，使小西湖村既享受到地势与湖泊影响下的清凉夏季，又能保证区域内湿度适宜。

③ 走访中发现，小西湖村很多农户参与民宿经营的过程是被动式的，"垚垚花园"的经营者在访谈中表示：我是一名退伍军人，本来对搞民宿兴趣并不大，2016 年前后，隔壁来了好多武汉的人来避暑，住不下，问我们家能不能住，还跟我建议让我把自己屋子修起来，他愿意给我投点钱。没想到后来他真的给我投了钱，现在他每年夏天都从武汉来我们家住。

④ 小西湖村与白鹊山村在经营过程中，会按照"月"来向游客收取费用，每月费用 1800—2000 元不等，包含日常伙食费与住宿费，在实地调研中，我们也发现了类似"食堂式"的供餐方式，每日固定时间开餐，民宿中甚至安装了铃铛，用餐厅响铃来通知住客取餐。

（4）传统民族文化主导模式

根据表 6-3 所示，二官寨村与两河口村为传统民族文化主导模式。采用该模式的旅游社区，主要以地方特色民族文化为核心吸引力开展旅游活动，整体而言，该类型旅游社区开发进程相对缓慢。二官寨村依托以胡家大院与康家大院为代表的干栏式建筑，及旧铺组保存较为完好的老屋建筑群、土家传统婚嫁文化等（见图 6-10），对游客产生一定的吸引力；两河口村恢宏、壮阔的土家吊脚楼群、民间歌鼓演唱艺术薅草锣鼓、土家族八宝铜铃舞（见图 6-10）等极具观赏和保护价值。传统民族文化主导型开发模式当前除了以文化挖掘为主线之外，配套有部分农家乐、传统手工艺及土特产品销售等。综上所述，各旅游社区分别依托地区旅游业中的"亮点"——优势景观资源、生态休闲农业、民宿农家乐、传统民族文化等形成了不同的旅游开发模式。

图 6-10 二官寨和两河口村民族文化活动

注：二官寨村传统婚嫁仪式，图二表示女方嫁妆，称为"花桌"，照片由农家乐老板提供，摄于2020 年 8 月 28 日。

6.3.3 旅游社区居民参与及景观变化特征

社区是民族旅游发展所依托的重要社会实体，在旅游发展中，社区居民是旅游资源的拥有者，又是旅游吸引物的一部分，也是旅游目的地供给的重要提供者（郭玲等，2014；王金伟等，2020），旅游开发深刻影响旅游社区居民的生计方式（张越，2020）。从社区整体来看，社区居民、外来经营者与地方政府，为满足旅游者需求而对社区景观进行改造，由此带来的聚落景观变化是旅游开发对社区最直观的影响。

（1）旅游参与引致生计方式转变

生计即谋生手段，生计方式转变是旅游业对社区带来的重要影响。生计概念相较于"工作""职业""收入"的概念有更大的内涵与外延（苏芳，2009），生计还包含着农户资产、行动和获得这些资产的途径（李小云等，2007）。恩施州旅游社区传统的生计方式主要为农业种植与外出务工。随着旅游业的发展，社区生计方式呈现明显的多样化趋势。

以营上村为例，恩施大峡谷的开发为社区带来了就业机会与庞大的客源市场，也使社区生计方式呈现多样化的转变（见表6-4、图6-11），甚至取代了粮食种植、茶叶种植、外出务工等传统生计方式①。农家乐/民宿是社区农户参与旅游业的主要方式，2008年全村第一家农家乐"驴友居"营业，拉开了农户参与旅游业发展的序幕，至今营上村拥有农家乐近150家，且仍有多家高档在建民宿，调研走访发现受地理位置、经营水平差异的影响，各农家乐/民宿收益水平相差较大②；景区与女儿寨酒店、村委会与景区组建的轿业与背篓服务队、外包的垃圾清运公司为社区提供了便利的就业机会③；利用家庭轿车开展旅游接送业务的农户也不断增多；部分社区村民参与到了实景演出服务中④；商品与纪念品、特产售卖也是社区农户重要的生计方式⑤；社区旅游业带来的丰厚红利，使农户参与旅游业的积极性不断提高，农户争相把自家房屋翻新、重修为档次较高的民宿，使社区内建筑业有了较大的需求量；早期经营的农家乐，竞争优势逐渐削弱，加之乡村

----

① 恩施大峡谷景区开业之前，营上村人均年收入仅2000元，收入来源主要为粮食种植、茶叶种植与外出务工，村集体收入主要来自集体林场，2009年前后全村外出务工人数约为2000人，2019年全村外出务工人数下降至700余人。

② 2015年营上村农家乐开始增多，彼时农家乐有70余家，2015年后农家乐快速发展，至2020年全村农家乐达143家，各农家乐收入各不相同，经营较好的农家乐年收入可达100万元，普通农家乐年收入20万元左右。

③ 女儿寨酒店员工数量达到400余人，轿业与背篓两支服务队，拥有从业人员130余人。营上村农家乐竹园山庄老板在访谈中提到：我儿子就在景区里面做保安队队长，我儿媳妇在女儿寨酒店里面做领班，上班很近，中午都可以回来吃饭。原来他们在外面打工，后来都回来了，现在和我们住一起，我们也帮他们带带孩子。

④ 龙船调实景剧场，表演团队主要来自广西艺术学院，每晚演出的群众演员约110人，其中营上村约50人，每场演出每位群演工资38元。

⑤ 村委会工作人员表示，目前景区内及入口、出口处共提供商铺220个，优先土地被占农户或贫困户租赁，每年租金2000元，外村人租赁一年租金约3.3万元，由抽签的方式分配商铺位置，每期租赁时间为3年，索道、出口等地理位置佳的地方，在旅游旺季一周最高毛收入可达30万元。

旅游发展后社区宅基地迅速升值，很多经营者选择将农家乐或者宅基地出租，以获取租金收益①。

表6-4　　　　　　　　　营上村农户主要生计方式

生计方式类别	生计方式	生计方式类别	生计方式
传统生计方式	粮食种植（苞谷）	围绕旅游业的新型生计方式	社区清洁（外包三方清洁公司）
	经济作物种植（茶叶）		旅游交通运输（恩施市往返大峡谷）
	外出务工		旅游表演服务（龙船调实景剧场表演）
围绕旅游业的新型生计方式	餐饮/农家乐/民宿		商品销售（遮阳帽、雨伞、饮料等）
	景区旅游接待（安检/保安/售票等）		特产与纪念品销售（腊肉、恩施马铃薯）
	住宿接待（女儿寨酒店服务人员）		房屋出租
	景区旅游接待（挑山夫、背篓女工）		建筑工人

图6-11　营上村农户旅游经营方式

注：上图由左至右：调研组成员体验挑山轿（2017.04）；课题组成员体验背篓（2017.04）；特产售卖（2020.08）；下图由左至右：招租的民宿建筑（2020.8.14）；民歌表演（2020.8.14）；沐府小镇方向便利店（2020.8.14）。

① 调研走访了营上村第一家农家乐"驴友居"，被访问者为驴友居最初的开办者，她提到：2008年我和恩施的两个朋友一起凑钱，在大峡谷景区附近租赁土地开办"驴友居"，那时候景区还在开发中，后来景区开门了，我们刚好在交通管制的地方，没办法，2010年在自家宅基地重建了"驴友居"，这两年新盖的民宿，尤其是外地公司投资的，房间好看、风格特别、服务也好，还有电梯、KTV之类的，很便利，我们这些都要被淘汰了，生意也不太好，干脆就出租出去了，2016年出租出去的，一年收租金15万元。

（2）旅游功能引致社区景观变化

乡村旅游社区作为一种具有传统乡土特征的景观类型，随着旅游市场的不断扩大，在游客凝视下发生着显著变化（高艳等，2016）。除社区居民日常生活功能外，因游客光顾而延伸出的多项旅游功能，促使旅游社区景观发生直观变化。恩施州作为土家族、苗族集聚的山区，社区传统的吊脚楼、风雨桥、碧水青山的村落景观，发生了改变。通过整理实地调研资料，本书从公共服务设施与农户住宅两个方面，汇总、归纳案例地社区景观的变化。

为满足旅游者的共同需求，政府部门或其他社会组织为旅游社区建设了一系列公共服务设施，如硬化社区道路、安置路灯、修建停车场、新建公共厕所等，同时也通过新建门楼（牌坊）、风雨桥、文化广场、标志性建筑等，提供旅游观赏或表演服务（见图6-12）。调研中发现，部分社区由于垃圾、污水处理设施与现实需求脱节，导致生态环境污染，村域景观不复旅游发展之前（见图6-13）①。

图6-12　旅游社区公共服务设施

注：左上、下图：二官寨公共厕所、文化广场；右：小西湖村旅游公路。作者摄于2020年8月。

除公共服务设施外，农户住宅发生了较大的变化，为提供更多的客房与更优质的接待环境，开展住宿接待活动的农户，在宅基地基础上翻盖高楼层

———————

① 调研发现，小西湖村由于污水处理站迟迟未能投入使用，再加之小西湖处于村域地势最低处，小西湖游客接待中心及农户将生活污水直排入小西湖中。当地村民反映，小西湖中原本清澈，可见湖中水草，甚至还有丰富的鱼类，但现在污染已较为严重。

图 6－13　被污染的小西湖

注：上左、右图：湖中几近枯萎的绿树、小水沟；下：排至河水中的污水，作者摄于 2020 年 8 月。

的混凝土楼房，调研发现近年来农户在房屋修建上投入高额资金①。与这一情况相反，两河口村、二官寨等拥有土家族传统吊脚楼建筑的老屋，国家采取了严格的建筑外观管控与防损坏措施。通过建筑物登记、年代识别、整旧如旧、民宿改造补助②、所有权征收③、消防预警④等方式，对传统建筑进行保护。农户不得对木屋外观进行改造，也不允许擅自新建任何外部建筑，对于破损较为严重的木屋，农户无法自行对其进行重建、修缮⑤，只能维持原貌。

① 调研走访发现，营上村、小西湖村等游客接待量较大的农户，民宿/农家乐房间数少则 20—30 间，多则 60—70 间，农户投资金额均在百万元以上，甚至达到 400 万—500 万元。2020 年恩施州针对民宿/农家乐出台相应政策，要求农户自建房屋不得超过 3 层，3 层以上需要有专业建筑图纸，并需专业建筑公司审批后，才能修建 4 层及以上建筑，但房屋总层数不得超过 7 层。

② 二官寨村于 2016 年对旧铺组老屋实施民宿改造奖补措施，参评补助资格的标准共有 15 项，达标后乡政府对每间民宿补贴 300 元，同时对老屋场坝、石梯等进行统一修正，此次奖补共计投入 300 万元。

③ 2017 年 10 月，州文物部门对两河口村彭家寨木屋所有权进行征收，根据木屋面积大小、建筑年限等发放 20 万—40 万元不等的征收款，并承诺村民拥有居住权，将会在集镇或其他区域为征收木屋的农户提供房屋居住。

④ 两河口村彭家寨拥有 3 个专职消防员和 4 个义务消防员，每日会在核心区巡逻 4 次，以防照明、柴火、取暖等引起火灾。

⑤ 调研走访中，石桥村村民提到：我们家的木屋有年头了，你看大梁都有点歪了，还有裂缝，很容易倒，而且还有点漏雨，我早就想把木屋拆掉重盖砖瓦房，但是村委会不让，只能这么将就住着，我上面铺了油布，防漏雨。

6.4 恩施州旅游社区恢复力测度结果

6.4.1 恩施州旅游社区恢复力分析

根据公式（6-1）至公式（6-6），利用加权求和指数法，在获取各项指标权重的基础上，计算得到 8 个旅游社区的恢复力评价结果（见表6-5）。结果显示，社区尺度下恩施州旅游地社会—生态系统恢复力指数 R_i 的均值为 0.518。借鉴对旅游地（李伯华等，2013）、传统村落（邹军等，2018）社会生态系统的相关研究，将社区恢复力指数划分为高（$0.7 \leqslant R_i < 1$）、中（$0.4 \leqslant R_i < 0.7$）、低（$0 \leqslant R_i < 0.4$）三个等级，由此可知，社区尺度下恩施州旅游地社会—生态系统恢复力整体处于中等水平，其处理外部压力与扰动的能力仍显不足。

表6-5　　　　　不同旅游社区社会—生态系统恢复力指数

县市	乡镇	旅游社区	恢复力指数	社会维度	经济维度	生态维度	制度维度	感知维度
恩施市	沐抚镇	营上村	0.608	0.246	0.265	0.031	0.045	0.020
建始县	小西湖村	小西湖村	0.603	0.220	0.218	0.094	0.036	0.034
宣恩县	万寨乡	伍家台村	0.558	0.179	0.065	0.264	0.034	0.016
利川市	东城街道	白鹊山村	0.540	0.183	0.183	0.152	0.006	0.016
利川市	东城街道	长堰村	0.517	0.213	0.146	0.111	0.034	0.014
恩施市	盛家坝乡	二官寨村	0.472	0.196	0.056	0.187	0.028	0.006
来凤县	三胡乡	黄柏村	0.431	0.089	0.091	0.208	0.032	0.011
宣恩县	沙道沟镇	两河口村	0.414	0.132	0.037	0.202	0.019	0.024

由表6-5所示，8 个调研点恢复力水平均处于中等水平，即恢复力指数处于 0.4—0.7。其中营上村恢复力指数在调研点中最高，为 0.608，两河口村恢复力指数为 0.414，在调研点中最低。对比均值来看，营上村、小西湖村、伍家台及白鹊山恢复力指数高于均值，长堰、二官寨、黄柏及两河口恢复力指数低于平均水平。

由表6-5可知，不同旅游社区在社会、经济、生态、制度与感知 5 个维度方面，恢复力水平表现各不相同。从社会维度来看，营上、小西湖、长堰、二官寨及白鹊山社会维度恢复力指数高于平均水平，营上村在社区基本医疗条件与人口稳定性方面表现较优，其社会恢复力水平居于首位；伍家台、两河口与黄柏社会维度恢复力指数低于平均水平，其中黄柏外出务工人数占比近50%，在8个调研点中占比最高，表明该案例社区人口流动较大，稳定性较弱。

从经济维度来看，半数案例社区（营上、小西湖、白鹊山、长堰村）经济维度恢复力指数高于平均水平，营上村农家乐/民宿经营收益水平及社区收入多样性水平均居于首位，白鹊山村在指标信贷机会（X_8）中表现最优，调研发现为推进白鹊山民宿品牌建设，地方政府通过引进投资主体、推行银行低息贷款等措施，为社区金融资本的获取提供了便利条件；黄柏、伍家台、二官寨与两河口村经济维度恢复力指数低于平均水平，其中两河口村社区收入方式较为单一，农家乐经营收益水平较低，导致其整体经济维度恢复力水平处于案例社区末位。

从生态维度来看，逾半数案例社区生态维恢复力指数高于平均水平，其中伍家台村生态维度恢复力指数最高，营上村最低。从具体指标来看，各案例点地形位指数（X_9）与植被覆盖率（X_{10}）差异较小，其中伍家台地形位指数最小，相较于其他案例点相对地形相对平缓，地形位指数最大的案例社区为营上村。恩施州是以林地为基质的景观类型，因此各旅游社区其植被覆盖率均较高，其中除伍家台、两河口、黄柏外，其他调研点制植被盖率均在80%以上。

根据公式（6-8）至公式（6-12），计算得到8个旅游社区户均月食物、交通、能源与建筑碳排放结果（见表6-6），根据表6-6可知，碳排放中占比最高的为食物生产产生的碳排放，其中以营上村最高，黄柏村最低；能源排放产生的碳排放也是户均碳排放的重要来源，调研显示，随着旅游接待量的增加，液化气逐渐代替传统以薪柴成为主要的能源，其中营上村户均能源消耗量最大，产生的碳排放最高，二官寨则最低；房屋建设产生的碳排放虽然占比不高，但各案例社区间差异较大，其中以小西湖村房屋建设碳排放最高，而以土家吊脚楼为主要建筑的两河口村、二官寨村，建筑以木材为原材料，碳排放较少或为零，加之文物部门对传统建筑修缮、改建的严格要求与管控，减少了人为因素在建筑修缮中产生的碳排放；交通运输产生的碳排放整体不高，在总碳排放中占比较低，其中营上村、小西湖村此项碳排放较高，伍家台、白鹊山等碳排放较低。

表6−6　　　　　　旅游从业农户旅游旺季户均月二氧化碳排放量　　　　单位：千克

	碳排放总量	食物生产碳排放	交通运输碳排放	能源加工碳排放	房屋建设碳排放
营上村	13983	9161	401	3889	532
小西湖村	13132	8811	382	3277	662
长堰村	12258	8736	193	3084	244
白鹊山村	10309	6484	181	3172	472
二官寨	8255	6737	298	1058	162
两河口村	7077	4493	195	2389	0
伍家台	6644	3889	136	1973	646
黄柏村	6083	3081	149	2663	190

从制度维度来看，过半数案例社区（营上、小西湖、伍家台、长堰、黄柏）制度维恢复力指数高于平均水平，其中营上村制度维恢复力指数最高，其领导班子平均教育水平与村民党员数量居于首位，与之情况相反的为白鹊山村，其领导班子平均教育水平与村党员数量最低；从村民参与决策来看，各案例社区间该项指标差异较小，五级量表得分均值均在2.6—3分，该值也反映出，村民决策参与感整体较弱。

从感知维度来看，小西湖村感知维度恢复力指数最高，二官寨村最低。具体来看，社区农户对外在风险与机遇的预判能力得分均值分别为3.33分、3.26分，小西湖村两项指标得分最高，但也不足4分，这也表明，社区农户对外在风险与机遇的预判能力有限，在调研访谈中发现，返乡投资旅游或外地投资人对外在风险与机遇的预判能力明显高于其他农户；调研走访发现，社区居民整体对旅游业恢复的信心较强，均值为4.0分，其中白鹊山村得分最高；四项指标中，社区居民对旅游业发展态度（X_{19}）的得分均值最高，为4.54分，这也表明旅游社区居民对社区发展旅游业所持的积极态度。

6.4.2　不同发展阶段旅游社区恢复力分析

利用加权求合指数法，结合前文对恩施州旅游社区发展阶段的划分，根据公式（6−1）至公式（6−6），计算得到不同发展阶段旅游社区恢复力结果（见表6−7）。由表6−7可知，稳固阶段旅游社区恢复力指数最高，为

0.606；探索阶段旅游社区恢复力指数最低，为0.443；发展阶段与参与阶段旅游社区恢复力指数位于中间位置。基于此可知，从旅游地生命周期视角来看，旅游社区恢复力水平随着旅游发展阶段、发展成熟度的提升而增强。

表6-7　　　　　　　　不同发展阶段旅游社区恢复力指数

	恢复力指数	社会维度	经济维度	生态维度	制度维度	感知维度
稳固阶段	0.606	0.233	0.242	0.063	0.041	0.027
发展阶段	0.528	0.198	0.164	0.131	0.020	0.015
参与阶段	0.495	0.134	0.078	0.236	0.033	0.014
探索阶段	0.443	0.164	0.046	0.194	0.023	0.015

注：稳固阶段的案例社区为：营上村与小西湖村；发展阶段的案例社区为：白鹊山与长堰村；参与阶段为：伍家台村与黄柏村；探索阶段为：两河口村与二官寨村。

由表6-7可知，处于不同发展阶段的旅游社区在社会、经济、生态、制度与感知5个维度方面，恢复力水平各不相同。从各维度恢复力得分的均值来看，社会维度方面，稳固阶段与发展阶段旅游社区社会维恢复力指数高于均值水平，其余两个阶段的旅游社区社会维恢复力指数低于平均水平；各旅游社区在经济维度方面恢复力的表现同社会维度一致，稳固与发展阶段高于均值，参与阶段与探索阶段低于均值；生态维度方面，参与阶段旅游社区生态维指数最高，其次为探索阶段，两类旅游社区生态维恢复力均高于均值，稳固阶段与发展阶段生态维恢复力低于均值；制度维度方面，四类旅游社区得分差异较小，其中稳固阶段得分最高，为0.041分，发展阶段最低，为0.020分；感知维方面，稳固阶段得分较高，为0.027分，其余3个阶段旅游社区感知维得分较为接近，差异较小。

进一步对探索、参与、发展、稳固阶段旅游社区恢复力进行分析（见图6-14），以此对比4个发展阶段旅游社区恢复力构成的内部差异。探索阶段与参与阶段旅游社区各维度恢复力指数由高至低依次为生态恢复力 R_{Eco} > 社会恢复力 R_S > 经济恢复力 R_E > 制度恢复力 R_O > 感知恢复力 R_P，两阶段旅游社区制度恢复力与感知恢复力均较低，探索阶段生态恢复力与社会恢复力明显高于经济恢复力，参与阶段旅游社区经济恢复力较探索阶段有所提高，但社会恢复力低于探索阶段的社会恢复力，参与阶段旅游社区生态恢复力高于探索阶段生态恢复力；发展阶段旅游社区各维度恢复力指数由高至低依次为社会恢复力 R_S > 经济恢复力 R_E > 生态恢复力 R_{Eco} > 制度恢复力 R_O > 感知

恢复力 R_P，相较于探索阶段与参与阶段，发展阶段旅游社区经济恢复力指数明显提升，生态恢复力指数下降；稳固阶段旅游社区各维度恢复力指数由高至低依次为经济恢复力 R_E > 社会恢复力 R_S > 生态恢复力 R_{Eco} > 制度恢复力 R_O > 感知恢复力 R_P，这一阶段的旅游社区，经济恢复力指数明显提高，成为最高的恢复力指数维度，与之相反，生态恢复力明显下降。总体来看，不同发展阶段的旅游社区其恢复力内部构成各不相同，从各维度表现来看，组织维度与感知维度恢复力差异较小，社会、经济、生态3大维度差异较大，探索阶段与参与阶段的旅游社区生态恢复力较强，经济恢复力与社会恢复力相对较弱，发展与稳固阶段的旅游社区生态恢复力明显减弱，但经济恢复力则显著提高，社会恢复力也有所增强。

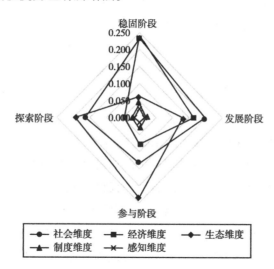

图 6 – 14 不同发展阶段旅游社区恢复力对比差异

6.4.3 不同开发模式旅游社区恢复力分析

结合前文对恩施州旅游社区开发模式类型的划分，利用加权求和指数法，根据公式（6-1）至公式（6-6），计算得到不同旅游开发模式下旅游社区恢复力结果（见表6-8）。由表6-8可知，民宿农家乐主导模式下的旅游社区恢复力指数最高，为0.571；优势景观资源主导模式下旅游社区恢复力指数排位第二（0.562）；传统民族文化主导模式下的旅游社区恢复力指数最低，为0.443；生态休闲农业主导模式下的旅游社区其恢复力指数居第三位。

表 6 - 8　　　　　　　　　　　　不同开发模式旅游社区恢复力指数

	社会维度	经济维度	生态维度	制度维度	感知维度	恢复力指数
民宿或农家乐主导	0.202	0.201	0.123	0.021	0.025	0.571
优势景观资源主导	0.230	0.206	0.071	0.040	0.017	0.562
生态休闲农业主导	0.134	0.078	0.236	0.033	0.014	0.494
传统民族文化主导	0.164	0.046	0.194	0.023	0.015	0.443

注：民宿农家乐主导模式下的案例社区为小西湖村与白鹃山村；优势景观资源主导模式下的案例社区为营上村与长堰村；生态休闲农业主导模式下的案例社区为黄柏村与伍家台村；传统民族文化主导模式下的案例社区为二官寨村与两河口村。

　　由表 6 - 8 可知，不同旅游开发模式下的旅游社区在社会、经济、生态、制度与感知 5 个维度方面，恢复力水平各不相同。从各维度恢复力得分的均值来看，社会维度方面，民宿农家乐与优势景观资源主导模式下的旅游社区其社会恢复力指数高于均值水平，其中优势景观资源主导开发模式下的旅游社区社会维度恢复力指数得分最高；经济恢复力方面，优势景观资源主导模式下的旅游社区经济恢复力指数得分最高，生态休闲农业主导模式下的旅游社区经济恢复力得分最低；与社会维与经济维恢复力指数的表现相反，生态休闲农业与传统民族文化主导下的旅游社区，生态恢复力指数高于均值水平；制度维方面，优势景观资源主导模式下的旅游社区得分最高，民宿农家乐模式下的旅游社区得分最低；感知维方面，仅民宿农家乐模式下的旅游社区得分高于均值，其余三类旅游社区感知恢复力均低于平均水平。

　　进一步对不同开发模式的旅游社区恢复力进行分析（见图 6 - 15），以此对比四种不同模式的旅游社区恢复力构成的内部差异。以避暑民宿为旅游开发优质要素的旅游社区，整体恢复力得分最高，各维度恢复力指数由高至低依次为社会恢复力 R_S > 经济恢复力 R_E > 生态恢复力 R_{Eco} > 感知恢复力 R_P > 制度恢复力 R_0，其感知维恢复力指数居四类旅游社区的首位；以邻近景区景观为旅游开发优质要素的旅游社区，各维度恢复力指数由高至低依次为社会恢复力 R_S > 经济恢复力 R_E > 生态恢复力 R_{Eco} > 制度恢复力 R_0 > 感知恢复力 R_P，其中社会恢复力、经济恢复力与制度恢复力指数居四类旅游社区首位，但生态恢复力指数居于四类末位；以规模农业为优势旅游开发要素的旅游社区，表现出明显的生态恢复力优势，其生态恢复力指数居于四类旅游社区的首位，但社会与经济维度恢复力表现一般，各维度恢复力指数由高至低依次为生态恢复力 R_{Eco} > 社会恢复力 R_S > 经济恢复力 R_E > 感知恢复力 R_P > 制度恢复力

R_O > 感知恢复力 R_P；以传统民族文化为主要吸引物的旅游社区，其整体恢复力得分最低，各维度恢复力得分由高至低依次为：生态恢复力 R_{Eco} > 社会恢复力 R_S > 经济恢复力 R_E > 制度恢复力 R_O > 感知恢复力 R_P，同生态休闲农业模式类型的旅游社区恢复力构成相似，其生态恢复力指数得分明显高于其他维度恢复力得分，案例社区二官寨村与两河口村，分别入选中国传统村落名录，以其独特的土家吊脚楼建筑群、良好的生态环境吸引游客前来，两案例社区在建筑维护、环境保护等方面投入较大。

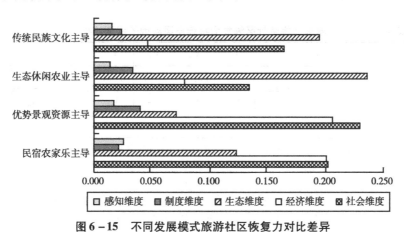

图 6-15　不同发展模式旅游社区恢复力对比差异

6.5　旅游社区恢复力风险因子探测及影响机理分析

本章前文内容，对恩施州 8 个具有代表性的旅游社区恢复力水平及社会、生态、经济、制度与感知 5 个维度的恢复力水平进行了测度，结果显示，案例社区恢复力整体处于中等恢复力水平，但不同的旅游社区其恢复力构成各不相同。同县域分析一致，本小节内容运用地理探测器方法探测社区尺度下山区旅游地社会—生态系统恢复力分异的风险因子及因子间的交互作用，并在此基础上，对其影响机理进行提炼、探讨。

6.5.1　风险因子探测

（1）指标层风险因子探测结果

运用地理探测器 GeoDetector 工具，借助"因子探测"模块，对各风险因子的贡献率进行定量分析。在分析之前，对数值型变量进行离散化处理是地理探测器重要的数据准备步骤，等分法、K–means 分类算法、自然断点法、等距法等是较为常见的方法。通过对比后，本小节运用等距法将各指标数据进行离散化转换，离散后各指标数据分为 3 类。基于此，以综合指数法计算得到的旅游社区恢复力指数（R_i）为被解释变量（Y），以各指标的离散化后的类型数据为解释变量（X_n），代入 GeoDetector 工具，得到各风险因子的作用强度结果（见表 6–9）。

表 6–9　　　　　　恩施州旅游社区恢复力指标层风险因子探测结果

探测指标	X_2	X_5	X_9	X_7	X_{11}	X_{19}	X_3	X_6	X_1	X_{14}
q	0.748	0.746**	0.666	0.650	0.611**	0.611	0.584	0.570	0.518	0.461
探测指标	X_{15}	X_{16}	X_{12}	X_{10}	X_{18}	X_{17}	X_{13}	X_4	X_8	
q	0.383	0.383	0.382	0.338	0.290	0.259	0.157	0.152	0.120	

注：***、**、*分别表示在 1%、5%、10% 水平下显著，各探测指标释义：X_2 区位条件；X_5 人均年收入；X_9 地形位指数；X_7 社区收入多样性；X_{11} 旅游环境效应；X_{19} 对旅游业支持态度；X_3 村医疗水平；X_6 农家乐户均收入；X_1 外出务工人数占比；X_{14} 村党员数量；X_{15} 村民参与决策；X_{16} 对外在风险的预判能力；X_{12} 领导班子平均教育年限；X_{10} 植被覆盖率；X_{18} 对旅游业恢复信心；X_{17} 对外在机遇的预判能力；X_{13} 领导班子女性占比；X_4 社会保险参保率；X_8 信贷机会。

根据表 6–9，探测结果显示，各风险因子对社区恢复力的作用强度各不相同。其中，q 统计量高于 0.5 的指标共有 9 项，依次为旅游社区区位条件（X_2）、人均年收入（X_5）、地形位指数（X_9）、收入多样性（X_7）、旅游环境效应（X_{11}）、对旅游业支持态度（X_{19}）、社区医疗水平（X_3）、农家乐户均收入（X_6）、外出务工人数占比（X_1）。整体来看，高 q 值因子多涉及社会、经济与生态 3 个维度。感知维度中居民对社区旅游业的发展态度与对旅游业恢复的信心强度对旅游社区恢复力水平也有较大的影响。

（2）维度层风险因子探测结果

同指标层因子探测方法一致，以综合指数法计算得到的旅游社区恢复力指数为被解释变量（Y），以社会、经济、生态、制度与感知维度恢复力指数为解释变量（X_n），选取等分法对各维度恢复力指数数据进行离散化转换，离散后各指标分为 4 类。运用 GeoDetector 工具，借助"因子探测"模块，对各风险因子的贡献率进行定量分析，得到各影响因子的作用强度结果（见表 6–10）。

表 6-10　　　　　恩施州旅游社区恢复力维度层风险因子探测结果

探测指标	社会维度	制度维度	经济维度	生态维度	感知维度
q	0.9652 ***	0.7462	0.7350	0.7350	0.4208

注：***、**、*分别表示在1%、5%、10%水平下显著。

根据表6-10，从各维度风险因子探测结果 q 值来看，社会维 q 统计量最高（0.965），即社会恢复力水平对社区整体恢复力的作用较大，制度维度、经济维度与生态维度 q 统计量也较高，均高于0.7，感知维 q 统计量较小。结合因子探测结果，q 值较高的指标多为社会维度（$X_5 \backslash X_1 \backslash X_4$）与经济维度指标（$X_6 \backslash X_5 \backslash X_7$），社会维度 q 统计量较高的指标主要包括社区党员数量、社区居民参与决策情况等。生态维度方面，结合指标层因子探测结果来看，除植被覆盖率（X_{10}）q 值较低（0.245）外，生态维指标中另外两项指标旅游环境效应（X_{11}）与地形位指数（X_9）的 q 值均较高。

（3）指标层交互探测结果

运用地理探测器"交互作用探测"模块识别各风险因子间相互作用对旅游社区恢复力的解释力，即各因子是单独起作用还是相互作用，以及作用方向为正向还是负向。19项风险因子两两作用共计可形成156个互动因子对。根据交互作用类型的判别依据，对比156个互动因子对，计算结果显示任意两个因子对社区恢复力均具有增强（Enhance）的作用，主要增强作用形式包括双因子增强与非线性增强两类，即两因子交互作用大于其中任一单因子对解释变量的解释力，不存在单独或减弱的情况。交互作用探测结果表明，恩施州旅游社区恢复力是不同风险因子共同作用的结果，而非由单一因子影响造成。受篇幅限制，表6-11为"双因子增强"与"非线性增强"两种类型的因子对交互作用举例。

从因子对互动作用的解释力计量值 q 来看，q 值前位的几个因子对，其共同因子为旅游社区收入多样性（X_7），其中 X_7 与植被覆盖率（X_{10}）、领导班子性别比（X_{13}）双因子互动呈现非线性增强，即两因子共同作用高于单因子作用值之和，X_7 与人均年收入（X_5）、旅游环境效应（X_{11}）、领导班子教育年限（X_{12}）、村民决策参与度（X_{15}）、对风险预判（X_{16}）、对旅游业态度（X_{19}）双因子互动呈现双因子增强的特征，即两因子作用高于单因子的最大作用值，但低于两因子 q 值之和。

表 6 - 11 　　　旅游社区恢复力指标层风险因子交互探测结果

$Xi \cap Xj$	$Xi \cap Xj - [q(Xi),$ $+q(Xi)]$	交互类型	$Xi \cap Xj$	$Xi \cap Xj - \max[q(Xi),$ $q(Xi)]$	交互类型
$X_7 \cap X_{10}$	0.012	非线性增强	$X_7 \cap X_{18}$	0.265	双因子增强
$X_7 \cap X_{13}$	0.019	非线性增强	$X_7 \cap X_{12}$	0.350	双因子增强
$X_{17} \cap X_{18}$	0.412	非线性增强	$X_7 \cap X_{15}$	0.350	双因子增强
$X_{13} \cap X_{14}$	0.373	非线性增强	$X_7 \cap X_{16}$	0.350	双因子增强
$X_6 \cap X_7$	0.345	非线性增强	$X_2 \cap X_8$	0.082	双因子增强
$X_{10} \cap X_{17}$	0.335	非线性增强	$X_7 \cap X_{17}$	0.214	双因子增强
$X_1 \cap X_{13}$	0.322	非线性增强	$X_{10} \cap X_{12}$	0.332	双因子增强
$X_{13} \cap X_{18}$	0.318	非线性增强	$X_5 \cap X_{17}$	0.206	双因子增强
$X_8 \cap X_{13}$	0.309	非线性增强	$X_9 \cap X_{10}$	0.278	双因子增强
$X_{15} \cap X_{17}$	0.287	非线性增强	$X_9 \cap X_{17}$	0.195	双因子增强

注：各探测指标释义同表 6 - 9。

（4）维度层交互探测结果

运用"交互探测器"模块识别维度层 5 个风险因子两两之间对旅游社区恢复力的解释力，得到表 6 - 12。根据交互作用类型的判别依据，对比各项指标发现，维度层 5 项指标中，两因子交互作用大于其中任一单一因子对解释变量的解释力，不存在单独或减弱的情况，即任意两个因子对恩施州旅游社区恢复力具有双因子协同作用，因此同指标层互动探测结果一致，社区尺度下恩施州旅游地恢复力并不是由单一影响因子造成，而是不同影响因子共同作用的结果。

表 6 - 12 　　　旅游社区恢复力维度层风险因子交互探测结果

$X_i \cap X_j$	$q(Xi)$	$q(Xj)$	$q(Xi \cap Xj)$	$X_i \cap X_j - \max[q(X_i), q(X_i)]$	交互类型
$R_S \cap R_E$	0.7910	0.5720	0.9095	0.1185	双协同
$R_S \cap R_{Eco}$	0.7910	0.7983	0.8485	0.0502	双协同
$R_S \cap R_O$	0.7910	0.7331	1.0000	0.2090	双协同
$R_S \cap R_P$	0.7910	0.7169	1.0000	0.2090	双协同
$R_E \cap R_{Eco}$	0.5720	0.7983	1.0000	0.2017	双协同

$X_i \cap X_j$	$q(Xi)$	$q(Xj)$	$q(Xi \cap Xj)$	$X_i \cap X_j - \max[\,q(X_i)\,,\,q(X_i)\,]$	交互类型
$R_E \cap R_O$	0.5720	0.7331	0.8661	0.1330	双协同
$R_E \cap R_P$	0.5720	0.7169	0.9085	0.1915	双协同
$R_{Eco} \cap R_O$	0.7983	0.7331	1.0000	0.2017	双协同
$R_{Eco} \cap R_P$	0.7983	0.7169	1.0000	0.2017	双协同
$R_O \cap R_P$	0.7331	0.7169	0.7922	0.0591	双协同

注：指标释义：R_S、R_E、R_{Eco}、R_O、R_P分别表示社会恢复力指数、经济维恢复力指数、生态维恢复力指数、制度维恢复力指数、感知维恢复力指数。

从两两因子间的互动作用来看，整体上，两因子互动作用的解释力计量值 q 均较高，10 对双因子互动解释力均值高于 0.90，排位靠前的因子对为"社会恢复力∩制度恢复力""社会恢复力∩感知恢复力""经济恢复力∩生态恢复力""生态恢复力∩制度恢复力""生态恢复力∩感知恢复力"。

6.5.2 影响机理分析

依循"外部扰动—旅游发展特征—恢复力评价—影响因素识别"的分析思路，探讨恩施州旅游社区恢复力测度结果及各部分之间的互动反馈影响关系（见图 6-16）。根据前文第 4 章分析可知，地处武陵山区的恩施地区，生态本底条件是区域社会经济发展的首要制约因素，进入 21 世纪后，州域逐渐形成以旅游业为主导的产业结构模式，旅游扰动成为民族社区最重要的外部干扰因素。在此背景下，旅游社区通过对优势资源的开发与利用，形成了不同的旅游发展特征（阶段、开发模式、居民参与及景观变化）。外部干扰及社区旅游发展特征，共同作用于社区恢复力，成为社区恢复力差异的重要影响因素。

（1）旅游开发模式对旅游社区恢复力有着直接影响

前文分析表明，不同旅游开发模式的旅游地，对干扰所产生的变化及对不利影响的适应能力截然不同。受区位条件、产业依托、文化背景等多方面的影响，不同旅游开发模式的旅游社区所具备的优势要素截然不同，优势要素进一步转化为抵御风险的能力与可持续发展的动力（Barney J B, 1991）。因此，科学提高优势资源的竞争力对提高社区恢复力有着重要意义。

（2）旅游发展水平是旅游社区恢复力变动的动态因素

前文分析表明，随着旅游发展阶段、发展成熟度的提升，社区恢复力显著提升。从恢复力各维度的表现来看，处于不同阶段的旅游社区其分维度间的恢复力优势不断变化，探索及参与阶段，旅游社区生态恢复力优势明显，随着旅游业发展水平的提高，社区生态恢复力优势逐渐被经济、社会恢复力优势取代，旅游业发展水平的变化，直接关系社区应对外部干扰与风险的能力。

（3）地理区位、经济水平与旅游环境影响是社区恢复力提升的关键因素

前文分析表明，旅游社区距离最近乡镇的距离，其探测 q 值最高，表明地理区位是影响社区恢复力水平的重要因素，但影响为正向或为负向，值得进一步探讨，实地调研发现，长堰村交通便利，紧邻利川市区，而长堰村农家乐/民宿、旅游餐饮等乡村旅游业发展较为缓慢，便利的交通条件使旅游接待功能转移至利川市区，前往腾龙洞景区的游客主要为一日游游客，而地理位置较为偏远的营上村乡村旅游反而得到长足发展；人均年收入水平探测值 q 也较高，人均年收入是社区经济实力的一个较为客观的反映，对应对外部风险有着直接影响；前文分析表明，随着旅游发展不断成熟，旅游活动对社区生态环境的影响逐渐加大，使社区生态恢复力水平下降。

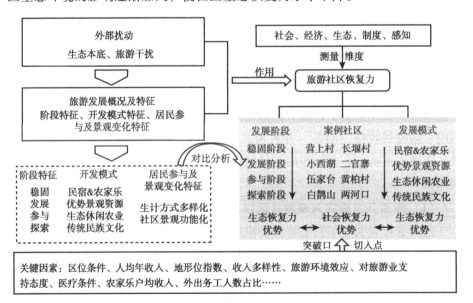

图6-16 旅游社区恢复力测度结果及影响机理

6.6 本章小结

本章以社区为研究尺度，在明确旅游社区恢复力概念内涵的基础上，从社会、经济、生态、制度和感知5个维度构建旅游社区恢复力评价框架。同时选取具有代表性的8个旅游社区为研究案例，对其旅游发展特征进行归纳、总结，运用综合指数法对恩施州旅游社区恢复力进行测量，并横向对比不同发展阶段、不同开发模式下旅游社区恢复力的差异，基于此，运用地理探测器方法，探测了影响旅游社区恢复力的风险因子及因子间的作用关系。研究结果发现：以旅游社区游客接待规模、接待设施完备度、市场主体的参与程度等为依据，结合旅游地生命周期理论，案例社区分别处于旅游发展稳固阶段、发展阶段、参与阶段与探索阶段；以旅游社区的区位、产业与文化三要素为判别依据，案例社区的开发模式主要为优势景观资源主导、生态休闲农业主导、民宿农家乐主导及传统民族文化主导四类；从社区整体来看，随着旅游业的发展，旅游参与引致社区农户生计方式发生转变，由较为单一的生计方式向多样化生计转变；旅游功能促使社区的公共服务设施与农户住宅等景观发生变化。

旅游社区恢复力测度结果显示：恩施州旅游社区恢复力整体处于中等水平，恢复力指数均值为0.518。从具体案例点来看，营上村恢复力指数最高（0.608），两河口村恢复力指数最低（0.414）。不同旅游社区在社会、经济、生态、制度与感知五个维度方面，恢复力水平表现各不相同；从旅游地生命周期视角来看，处于稳固阶段的旅游社区恢复力指数最高，探索阶段旅游社区恢复力指数最低，旅游社区恢复力水平随着旅游发展阶段、发展成熟度的提升而增强。从各维度表现来看，旅游社区组织维度与感知维度恢复力差异较小，社会、经济、生态三大维度差异较大，探索阶段与参与阶段的旅游社区生态恢复力较强，经济恢复力与社会恢复力相对较弱，发展与稳固阶段的旅游社区生态恢复力明显减弱，但经济恢复力则显著提高，社会恢复力也有所增强；从旅游社区开发模式来看，各类旅游社区恢复力指数由高至低依次为民宿农家乐主导模式、优势景观资源主导模式、传统民族文化主导模式、生态休闲农业主导模式，其中优势景观资源主导与民宿农家乐主导下的旅游社区，其社会恢复力与经济恢复力得分排位靠前，生态休闲农业与传统民族文化主导下的旅游社区，生态恢复力指数明显高于前两类旅游社区。

地理探测器结果显示：指标层面，社区区位、人均年收入、地形位指数、收入多样性、旅游环境效应等因子是旅游社区恢复力的主要风险因子；维度层面，社会维度 q 统计量最高；交互探测结果显示，双因子互动呈现非线性增强与双因子增强两种类型，表明社区尺度下旅游社区恢复力并不是由单一风险因子造成，而是不同风险因子共同作用的结果。综合社区旅游发展特征及社区恢复力测度，可知，旅游开发模式对旅游社区恢复力有着直接影响；旅游发展水平是旅游社区恢复力变动的动态因素；地理区位、经济水平与旅游环境影响是社区恢复力提升的关键因素。

第7章

农户尺度下恩施州农户生计恢复力测度及影响机理

对旅游地农户生计恢复力进行定量化测量，是从微观视角探究旅游地可持续发展与区域社会—生态系统变化的重要方式。本章聚焦山区旅游地农户，从缓冲能力、自组织能力与学习能力 3 个方面，构建农户恢复力评价框架，定量表征、对比分析农户生计恢复力水平，并在此基础上提炼农户生计恢复力的主要障碍因素，为农户理性选择生计策略提供建议。

7.1　研究思路与评价框架

农户是山区旅游地发展最基本的决策单位及最重要的经济活动主体，采取的生计方式与生计策略不仅直接关系到农户的生计结果，同时也决定着资源的利用方式与效率（崔严等，2020）。恢复力理论与可持续生计框架的提出，不仅为理解与解决复杂的农户可持续生计问题提供了可操作性工具（赵雪雁等，2020），同时为深入剖析农户生计动态变化及其应对外部扰动与冲击的方式与能力提供了关键切入点（Marschke 等，2006；Scoones，2009）。恢复力思想的核心在于，受到外部干扰后，系统结构和功能保持不变的能力（熊思鸿，2020）。地处武陵山区的恩施州，地形变化复杂，发展闭塞，农户谋生高度依赖于自然资源。脆弱的生态环境、多变的外部社会环境、更新的经济发展机遇，为农户带来更为复杂的外部干扰。基于此，借鉴 Chinwe（2014）等提出的农户生计恢复力评价框架，本书从缓冲能力（Buffer Capacity）、自组织（Self – organisationg）与学习能力（Capacity for Learning）3 个维度，构建生计恢复力评价指标体系（见图 7 – 1）。缓冲能力是指系统能够吸收的变化量，即保持其结构、特性与功能反馈不变的能力，从"人与生计"的视角出发，生计资本常用于反映其缓冲能力，此处共选取指标 14 项，分别用于反映农户人力资本、物质资本、金融资本、自然资本与社会资本；自组织强调组织机构、适应力、权利和社会互动对社会适应力的塑造，通常表现为无外部明确控制和约束的社会结构（自上而下）和人类行为（自下而上）对恢复力的影响，多表现为社会组织机构与团体、社会网络、成员合作等，此处共选取指标 3 项；学习能力（Capacity for Learning）表示农户获取知识和技能的能力，本书选取指标 3 项，具体指标及释义如表 7 – 1 所示。

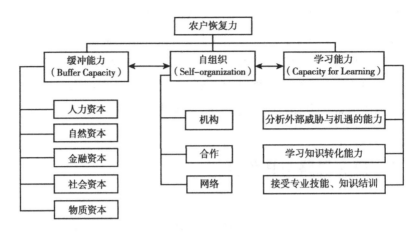

图7-1 农户恢复力分析框架

注：本图根据 Chinwe Ifejika Speranza（2014）修改。

表7-1 恩施州农户生计恢复力测度指标体系

准则层	维度层	指标层	指标解释	向性	均值	标准差
农户生计恢复力	缓冲能力 / 人力资本	X_1高中以上学历占比（%）	家庭成员受教育情况，比例越高，人力资本越高	+	16.13	20.03
		X_2劳动力人口占比（%）	家庭再生产劳动力条件，劳动力一般包含全劳动力、半劳动力，调研时，劳动力人口包含全劳动力与半劳动力，比例越高，人力资本越高	+	60.76	28.09
		X_3残疾/重病人口占比（%）	反映家庭成员的健康水平，参加或重病人数占比越高，家庭的人力资本条件越低	-	1.65	6.66
	物质资本	X_4家庭物资情况	主要包含交通工具、生活耐用品、农业机械3个方面，其中交通工具包括汽车、摩托车/电动车，分别赋值0.75、0.25；生活固定资产包括电视机、冰箱、空调、太阳能、电脑、洗衣机、抽水马桶、自来水管等，分别赋值0.125；调研发现农业机械主要包括采茶机和脱粒机两种，分别赋值0.5，若无赋值为0	+	1.46	0.57

准则层	维度层	指标层	指标解释	向性	均值	标准差
农户生计恢复力	缓冲能力	物质资本	X_5住房条件	利用住房面积与房屋建材表示，各赋权重为0.5；基于各农户房屋面积的统计，将面积处于100—300m²、301—600m²、601—900m²、901—1200m²、≥1201m²分别赋值为0.2、0.4、0.6、0.8、1；房屋建材混凝土＞石材＞砖瓦＞泥巴＞木头，分别赋值为1、0.8、06、0.4、0.2	+	0.57	0.23
		金融资本	X_6收入多样性	主要收入方式包括务工、外出务工、经济作物种植、养殖、旅游业等	+	1.68	0.65
			X_7家庭年收入（万元）	反映农户家庭经济条件	+	9.48	12.15
			X_8土地征收补偿款（万元）	因景区建设、道路扩建等对农户给予的一次性补偿款金额	+	2.19	6.91
		自然资本	X_9家庭人均耕地/经济园面积（亩）	家庭拥有的耕地面积×0.5＋经济园面积×0.5，经济园面积主要包括茶园、烟叶、果木（黄梅、白柚）等	+	1.21	2.79
			X_{10}牲畜/禽类数量	根据羊单位对牲畜/禽类进行统计（李佳晓，2012）	+	2.24	6.40
		社会资本	X_{11}社团组织	主要指农业合作社、经济作物合作社、旅游合作社、公益合作社等，参与社团组织赋值为1，未参与为0	+	0.05	0.22
			X_{12}社团活动次数（次）	统计最近12个月以来，参与的社团活动次数	+	0.18	0.97
			X_{13}家庭政治精英	家中或亲戚中是否有村委会成员，1表示有，0表示无，根据实际情况赋值	+	0.18	0.38
			X_{14}社会保险参保率（％）	家庭成员购买新型农村合作医疗保险和养老保险参保率的均值	+	0.90	0.20
	自组织能力		X_{15}邻里信任度	五级量表获得，5表示非常信任，1表示非常不信任	+	4.52	0.71
			X_{16}家庭资助机会	家庭缺乏资金时求助途径，包括银行或信用社、亲朋、邻居、政府或社会援助、其他共5类	+	0.91	0.67

准则层	维度层	指标层	指标解释	向性	均值	标准差
农户生计恢复力	自组织能力	X_{17}社区活动效果	由选项得到了社团成员的劳动力或技术支持、得到了社团成员的设备帮助、因社团提高了农产品/经济作物的产量、因社团而增加了家庭收入四项五级量表的得分均值表示	+	0.16	0.74
	学习能力	X_{18}年技能培训次数（次）	主要包括农家乐经营技能培训、消防安全培训、外出参观学习、农业种植技术培训等	+	0.71	1.25
		X_{19}分析外部威胁的能力	五级量表获得，5表示能够很好地分析外在威胁	+	3.20	0.75
		X_{20}分析潜在机会的能力	五级量表获得，5表示能够很好把握潜在机会	+	3.18	0.69

7.2 数据来源与研究方法

7.2.1 数据来源及样本分布

本章节所需研究数据主要通过问卷调查、面对面访谈与观察法等参与式农村评估法（Participatory Rural Appraisal，PRA）获取。调研小组由5名研究生（2名博士研究生、3名硕士研究生）组成，小组成员基于前期调研资料与实地走访资料，完成案例地筛选。调研采取随机入户面对面访谈式的问卷调查方式，每份问卷访谈时间为20—40分钟，同时借助GPS定位工具，对访谈农户的地理经纬度进行定位（见图7-2），此次调研共计走访12个旅游乡村，分别为恩施市营上村与二官寨村；宣恩县两河口村与伍家台村；建始县小西湖村、新溪村与黄鹤村；来凤县黄柏村与石桥村；利川市长堰村与新桥村、白鹊山村①。调研共计走访 435 户农户，删除信息不完整的问卷，最终回收问卷 425 份，有效问卷回收占比为 97.70%。

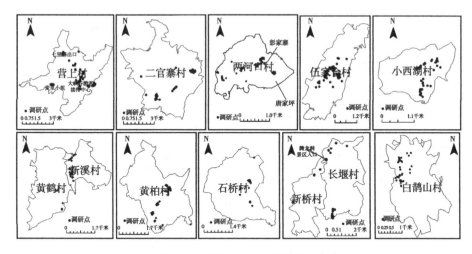

图 7－2　访谈农户地理位置分布

资料来源：根据各村委会提供的村域图（JPG），结合卫星影像地图，在 ArcGIS 中地理配准后，矢量化完成，坐标系选择 GCS_Xian_1980。

各调查村问卷数量及受访者特征如表 7－2 所示。由表 7－2 可知，有效样本特征显示被访问者男女比例相当，女性被访问者占比略高于男性；被访问者占比最高的年龄时间段为 41—60 岁的中老年人，60 岁以上的老年人占比也较高；从被访问者的民族占比构成来看，土家族占比达到 3/4；从家庭规模来看，三代同堂的 5—7 人家庭结构的农户占比近 1/2，在被调查农户中占比最高，其次为 3—4 人家庭规模的农户；家庭收入显示，家庭年收入 1 万—5 万元占比居首位，其次为年收入 5 万—10 万元的农户，1/10 被调研农户家庭年收入可达 25 万元以上。整体来看，访谈农户总体上男女比例相当，以 40 岁以上的中老年人为主，土家族占比高，家庭规模多以三代同堂的 5—7 人为主，绝大多数家庭年收入在 1 万—5 万元，样本结构特征与恩施州的基本情况相符，具有一定的代表性。

---

①　12 个调研案例点中，新桥村地处利川市进入腾龙洞景区公路沿线，仅少量农户直接参与旅游经营，因此将新溪村与长堰村视为同一调研单元；新溪与黄鹤紧邻，两村都以接待避暑游客为主，且均毗邻三峡景区，两者具有极高的相似性，考虑样本数量分布（黄鹤村样本量仅为 5 户），将黄鹤与新溪视为同一调研单元，因此调研单元共计 10 处。

表7-2 农户样本基本特征及问卷数量分布

	项目	个数	占比（%）		项目	个数	占比（%）
性别	男	180	42.35	家庭年收入（万元）	≤1	19	9.84
	女	254	59.76		1.0001—5	58	30.05
年龄	≤18岁	0	0.00		5.0001—10	55	28.50
	19—25岁	12	2.82		10.0001—25	41	21.24
	26—40岁	112	26.35		≥25.0001	20	10.36
	41—60岁	190	44.71	村域分布	营上村	63	14.82
	≥61岁	111	26.12		二官寨	45	10.59
民族	土家族	321	75.53		两河口	66	15.53
	苗族	34	8.00		伍家台	46	10.82
	汉族	69	16.24		长堰+新桥村	46	10.82
	其他	1	0.24		白鹊山	34	8.00
家庭规模	2人及以下	43	10.12		黄柏村	32	7.53
	3—4人	166	39.06		石桥村	25	5.88
	5—7人	183	43.06		小西湖村	44	10.35
	7人及以上	33	7.76		新溪村+黄鹤村	24	5.64

7.2.2 农户类型划分

对农户类型划分，旨在对不同类型农户的生计恢复力及其构成要素进行对比分析，剖析造成农户生计恢复力水平差异的原因，探寻提升农户生计恢复力的突破口。参考前人相关研究成果（陈佳等，2015；钱家乘等，2020；赵雪雁等，2020），结合恩施州旅游地农户发展的实际情况，以家庭收入来源的构成为判别依据，本章将农户类型划分为旅游生计型、兼营生计型、务工/务农生计型、综合生计型四类。其中，当旅游收入占农户家庭年收入80%以上时，将该家庭视为"旅游生计型"农户，参与旅游业的形式主要包括农家乐/民宿经营、餐饮经营、景区/酒店管理与服务工作、以旅游业为最终使用方式的房屋/土地出租等；"兼营生计型"农户是指利用旅游旺季从事旅游业活动，旅游淡季则从事外出/就近务工、经济作物种植/养殖、务农等，其家庭收入来源中，旅游收入占比低于80%；"外出务工/务农生计型"农户其生计方式为常年外出务工/务农或就近打零工，参与旅游生计活动极少或为零;"综合生计型"农户是指,其家庭收入来源多样,且各项占比相当,调研发现,主要生计方式构成为:稳定职业+务工/务农+旅游经营。对不同类型农户受访者年龄、家庭规模(人数)、家庭年收入、受教育情况(高中以上人数占比)等信息进行统计,得到表7-3。

表7-3   不同生计类型农户样本统计特征

生计类型	样本数量	样本占比(%)	平均年龄	家庭成员个数(个)	家庭年收入(万元)	家庭受教育情况(%)
综合生计型	65	15.29	44.69	5.18	13.07	20.03
务工/务农生计型	215	50.59	54.31	4.75	6.16	13.33
旅游生计型	107	25.18	47.03	4.75	13.86	18.8
兼营生计型	38	8.94	42.76	4.61	9.78	17.86

由表7-3可知,在调查样本中,半数农户生计类型为务工/务农生计型,兼营生计型农户占比最小,共有38户,旅游生计型农户占比为25.18%,其调查样本数量高于综合生计型农户的数量;从不同生计类型农户受访者的年龄来看,务工/务农生计型农户平均年龄较高,高于50岁,其余3种类型农户平均年龄均在40—50岁,兼营生计型农户平均年龄最低;"家庭成员个数"在不同类型农户中差异较小,除综合生计型农户成员个数高于5之外,其余3种类型农户个数均在4.5左右;从家庭年收入来看,旅游生计型农户家庭年收入最高,其次为综合生计型,外出务工/务农生计型农户,家庭年收入最低;从家庭成员中"高中及以上教育人数占比"来看,综合生计型占比最高,其次为旅游生计型,外出务工/务农生计型占比最低。总体来看,调查样本以务工/务农生计型农户为主,兼营生计型农户占比最少;综合生计型农户平均家庭规模最大(五口之家),家庭平均受教育程度最高;务工/务农家庭生计型农户家庭年收入与受教育情况均处于四类农户的最低值;旅游生计型农户,平均家庭年收入最高,家庭规模以4人口左右为主;兼营生计型农户,该类家庭农户主要为三口或四口之家,家庭年收入及受教育程度介于旅游生计型与务工/务农生计型农户之间。

7.2.3 研究方法

(1) 数据标准化处理

由于构成农户生计恢复力测度的各指标属性意义各不相同,导致各指标衡量维度不同，因此运用极差标准化方法（周小平，2016），对各项评价指标进行无量纲化处理，经过处理后各指标的值均处于0—1，以此便于不同农户之间缓冲能力、自组织与学习能力的测算与对比分析。具体公式见前文5.3.1节。

（2）农户生计恢复力评估方法

本章节采用等权重加权法计算恩施州旅游地农户生计恢复力指数。计算公式如下：

$$B_i = \frac{1}{5}(H_i + P_i + F_i + N_i + S_i) \tag{7-1}$$

$$Se_i = \frac{1}{3}(t_i + a_i + c_i) \tag{7-2}$$

$$L_i = \frac{1}{3}(or_i + th_i + o_i) \tag{7-3}$$

$$R_i = \frac{1}{3}(B_i + Se_i + L_i) \tag{7-4}$$

式中，R_i为第 i 个农户的生计恢复力指数；B_i为第 i 个农户的缓冲能力指数，H_i、P_i、F_i、N_i、S_i分别表示农户 i 的人力资本得分、物质资本得分、金融资本得分、自然资本得分、社会资本得分；Se_i为第 i 个农户的自组织能力指数，t_i、a_i、c_i分别表示农户 i 的邻里信任度得分、家庭资助机会得分、社区活动效果得分；L_i为第 i 个农户的学习能力指数，or_i、th_i、o_i分别表示农户 i 的年技能培训次数得分、分析外在威胁的能力得分、分析潜在机会的能力得分。B_i、Se_i、L_i、R_i均介于0—1，指数越大代表旅游地农户生计恢复力越强。

（3）农户生计恢复力的分类方法

由于现有研究，对农户生计恢复力水平尚未形成具有共识性的分类标准，因此本章节采用 K-means 聚类法确定农户生计恢复力指数、缓冲能力指数、自组织能力指数及学习能力指数。K-means 聚类算法能够较好地处理大型数据集，该算法通过随机选定初始聚类中心为前提，进行反复迭代，以实现聚类域中所有样品到聚类中心距离的平方和最小，使样本数据达到更好的聚类结果（王千等，2012）。借助 SPSS19 软件，计算得到恩施州旅游地农户生计恢复力、缓冲能力、自组织能力与学习能力四项指数的等级划分（见表7-4）。依据被调查农户各项指数的得分，将其分为Ⅰ、Ⅱ、Ⅲ 3个等级，等级Ⅰ代表各指标的最高值区间，等级Ⅲ代表最低值区间。

表7-4　　　　农户生计恢复力指数、缓冲能力指数、

自组织能力指数、学习能力指数等级划分

指标	等级Ⅰ		等级Ⅱ		等级Ⅲ	
	等级	取值范围	等级	取值范围	等级	取值范围
生计恢复力指数	高	>0.4030	中	0.3175—0.4030	低	<0.3175
缓冲能力/生计资本指数	丰裕	>0.3050	一般	0.2265—0.3050	紧缺	<0.2265
自组织能力指数	高	>0.50	一般	0.25—0.50	低	<0.25
学习能力指数	强	>0.45	一般	0.25—0.45	弱	<0.25

（4）障碍度诊断模型

本章节运用障碍度诊断模型识别影响恩施州旅游地农户生计恢复力的主要障碍因子，其计算公式如公式（7-5）所示。其中，W_j表示因子贡献度，因子贡献度是指单因子对农户生计恢复力整体的影响程度，即该单项指标的指标权重；V_j表示指标偏离度，偏离度是指该项因子得分与农户生计恢复力目标之间的差距，一般用该项指标标准化后的值（X_j）与1之间的差表示；O_j表示障碍度，即单项指标对农户生计恢复力整体的影响程度（鲁春阳等，2011；喻忠磊等，2012）。

$$O_j = \frac{W_j \times V_j}{\sum\limits_{j}^{m} W_j \times V_j} \times 100\% \qquad (7-5)$$

$$V_j = 1 - X_j \qquad (7-6)$$

7.3　恩施州农户生计恢复力测度结果

7.3.1　农户生计恢复力测度结果

（1）农户生计恢复力指数分析

利用等权重加权法，根据公式（7-1）至公式（7-4），计算得到调研农户的生计恢复力指数。结果显示，恩施州旅游地农户生计恢复力指数均值为0.346，425户农户中生计恢复力指数的最高值为0.567，最低值为0.175，两者相差2倍（见图7-3）。根据K-means聚类法的分类结果，近半数

（45.88%）农户生计恢复力水平处于等级Ⅱ水平，76 户农户恢复力指数结果处于等级Ⅰ——高恢复力水平，占比最低（17.88%），逾 1/3 农户生计恢复力处于低水平，即其生计恢复力指数低于 0.3175（见表 7 - 4）。从生计恢复力指数的构成来看，恩施州旅游地农户缓冲能力、自组织能力、学习能力得分均值分别为 0.270、0.379、0.388。

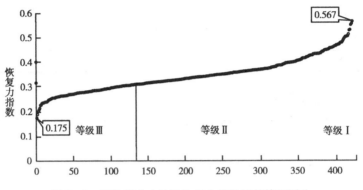

图 7 - 3　恩施州农户生计恢复力指数及其等级划分

（2）缓冲能力指数分析

农户生计缓冲能力由农户的家庭 5 大生计资本构成，因此高缓冲能力指数表明该农户的家庭生计资本丰裕，反之，低缓冲能力指数表明农户的家庭生计资本紧缺。根据公式（7 - 1），计算得到恩施州旅游地农户生计的缓冲能力/生计资本指数，结果显示，恩施州旅游地农户生计缓冲能力指数均值为 0.270，425 户农户中缓冲能力指数的最高值为 0.473，最低值为 0.042，两者相差 10 倍，相较于整体的恢复力水平，农户生计资本间差异更为显著。根据 K - means 聚类法将其分为丰裕（等级Ⅰ）、一般（等级Ⅱ）、紧缺（等级Ⅲ）三个等级（见图 7 - 4）。结果表明，同恢复力指数等级分布相似，近半数农户（199 户）缓冲能力处于第二等级，近 30% 农户（123 户）生计资本处于丰裕（等级Ⅰ）水平，剩余约 25% 农户其生计资本/缓冲能力处于紧缺状态。

农户缓冲能力由 5 大生计资本构成，对其内部构成差异进行分析，有助于进一步了解农户生计资本的优劣势。将恩施州旅游地农户 5 大生计资本指数的计算结果导入 Origin 中，以封箱图形式呈现（见图 7 - 5）。封箱图主要由均值、中位线、上四分位线、下四分位线、上边缘线、下边缘线及异常值构成，此处上、下边缘线取 IQR 的 1.5 倍为取值范围。根据图 7 - 5 可知，5 大资本得分的均值由高至低依次为人力资本 > 物质资本 > 社会资本 > 金融资

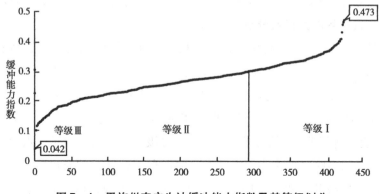

图7-4 恩施州农户生计缓冲能力指数及其等级划分

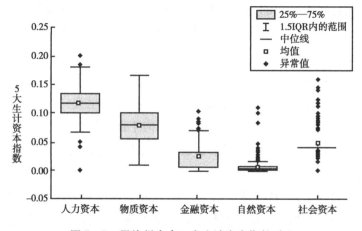

图7-5 恩施州农户5大生计资本指数对比

本>自然资本,即人力资本对生计资本丰度的贡献度最高,而自然资本贡献度最小。从5大资本各农户的得分分布情况来看,人力资本指数箱体整体较高,上、下四分位线与中位线距离相近,表明人力资本指数得分较为对称,各农户该项资本得分基本覆盖于上、下边缘线之间;物质资本箱体整体低于人力资本,上、下四分位线分布较为对称,但距离较宽,表明物质资本得分整体较为分散;金融资本箱体较低,且下四分位线距离远高于上分位线与中位线的距离,说明多数农户金融资本得分处于较低水平;自然资本箱体最低,且下四分位线与中位线十分接近,表明各农户自然资本得分较为集中且整体偏低;社会资本得分中位线与上、下四分位线均为0.04,异常值较多,说明社会资本整体呈现出阶梯状式分布形态,即高比例农户社会资本得分为

0.04，这是由于多数农户在社团活动与家庭政治精英组成方面缺失造成。

（3）自组织能力指数分析

根据公式（7-2），利用等权重加权法，计算得到恩施州旅游地农户自组织能力指数 Se_i。结果显示，自组织能力指数的均值为 0.379，逾半数农户（51.53%）自组织能力指数高于平均水平，425 户农户中自组织能力指数最高值为 0.767，最低值为 0.083。根据 K-means 聚类法将其分为高（等级Ⅰ）、一般（等级Ⅱ）、低（等级Ⅲ）3 个等级，聚类结果显示，农户自组织能力呈现出明显的"两头小、中间大"的形态，近 80% 的农户其自组织能力处于一般（等级Ⅱ）水平，16% 的农户处于第三等级，而仅有不到 5% 的农户，其自组织能力高于处于高等级水平。

从构成自组织能力的各项指标得分来看，"邻里信任度"评分均值为 4.51 分，即对邻里的信任度较高，我国传统的农村人际关系是由地缘关系、血缘关系高度拟合而成的亲属关系，交往模式带有浓厚的亲缘色彩（胡晓飞，2003），尽管随着旅游业的发展，乡村旅游社区人际关系逐渐向业缘化方向转变，但评分结果显示，恩施州旅游地农户仍呈现"亲属关系"式交往；"家庭资助机会"结果显示，农户多倾向于优先选择亲朋好友进行求助，随着国家政策对乡村旅游业的倾斜，官方金融机构的信贷政策使更多农户选择通过农村信用社、银行等进行资金借贷[①]，此外调研走访发现，网络贷款逐渐在村民中兴起；"社区活动效果"主要从是否得到了社团成员的技术支持、设备帮助、增加了产量、提高了收入 4 个方面进行评价，结果显示，参与社团活动的农户 4 项打分均值为 3.75 分，表明农户对合作社等社团活动效果持正面态度。

（4）学习能力指数分析

根据公式（7-3），利用等权重加权法，计算得到恩施州旅游地农户的学习能力指数 L_i。结果显示，学习能力指数的均值为 0.388，近 40% 农户学习能力指数高于均值，425 户农户中学习能力指数最高值为 0.833，最低值为 0.067。根据 K-means 聚类法将其分为强（等级Ⅰ）、一般（等级Ⅱ）、弱（等级Ⅲ）3 个等级，聚类结果显示（见图 7-6），学习能力处于一般等级的

---

① 小西湖村农家乐经营农户在访谈是提及：我们周围很多人都在建始农村信用社贷款，它有一个专门的农家乐辅助贷款，你要提供证明，是办农家乐，需要到大队开证明，信用社很快就能办下来，而且利息低，比跟亲戚朋友借钱给的利息还少。

农户占比最高（66%），处于强学习能力等级的农户占比也较高，占比约为 25.88%，学习能力较弱等级的农户占比最低，仅为 8.5%。从学习能力各项指标的得分来看，"年均技能培训机会"最高为年均 5 次培训，最低为 0 次，培训内容主要包括旅游服务技能、安全卫生标准、土家菜厨艺培训、茶叶种植、茶叶病虫害治理等；"外部威胁与潜在机会"分析能力两项指标，农户评分均值分别为 3.20 分、3.18 分，处于中等水平，不同农户间对题项的认识评分存在一定的差异。

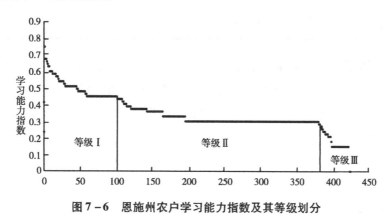

图 7-6　恩施州农户学习能力指数及其等级划分

7.3.2　不同类型农户生计恢复力测度结果

本章前文内容，以家庭收入来源构成为判别依据，将恩施州农户划分为综合生计型、旅游生计型、兼营生计型、务工/务农生计型 4 类，通过对比分析四类农户生计恢复力结果及其内部构成差异，可以有效研判不同生计策略的优劣势，为提高农户生计恢复力找到突破口。

（1）农户生计恢复力指数分析

依据前述对农户类型的划分，对不同类型农户的生计恢复力及其构成进行对比分析，结果显示（见表 7-5），各类型农户生计恢复力指数由高到低依次为兼营生计型＞旅游生计型＞综合生计型＞务工/务农生计型。结合 K-means 聚类对生计恢复力指数的分类，各类型农户生计恢复力指数均值均处于中等水平（等级Ⅱ）。从生计恢复力构成的各分项来看，综合生计型农户缓冲能力指数与学习能力指数最高，兼营生计型农户自组织能力指数最高。

表 7 - 5　　　　　　　　　　　　不同类型农户生计恢复力指数均值

农户类型	恢复力指数 (R_i)	最高值 (R_i)	最低值 (R_i)	缓冲能力指数 (B_i)	自组织能力指数 (Se_i)	学习能力指数 (L_i)
兼营生计型	0.3843	0.5567	0.252	0.3008	0.4342	0.418
旅游生计型	0.3702	0.5668	0.2019	0.2934	0.3927	0.4246
综合生计型	0.3630	0.5300	0.2361	0.3010	0.3577	0.4303
务工/务农生计型	0.3215	0.5519	0.1750	0.2427	0.3694	0.3523

　　以封箱图形式对 4 种类型各农户的生计恢复力指数分布情况进行呈现，得到图 7 - 7。此处上、下边缘线仍以 1.5 倍 IQR 为取值范围。根据图 7 - 7 可知，兼营生计型农户生计恢复力指数均值最高（0.3843），数据显示该类型农户中生计恢复力指数最高值为 0.557，最低值为 0.252，47.37%的农户生计恢复力高于均值；从箱体来看，该类型农户箱体整体较高，数据分布较为集中，所有数据包含与上、下边缘线之间。旅游生计型农户恢复力指数均值（0.3702）略低于兼营生计型农户，数据显示该类型农户生计恢复力指数最高值为 0.557，为所有被调研农户中的最高值，最低值为 0.202，47.67%的农户生计恢复力高于均值；从箱体来看，上、下边缘线距离较远，即上、下四分位值差值较大，表明相较于兼营生计型农户，旅游生计型各农户恢复力指数分布较为离散，高、低值相距较远，这也是该类型农户均值低于兼营生计型农户的原因。综合生计型农户恢复力指数均值略低于旅游生计型农户（0.3630），数据显示该类型农户中生计恢复力指数最高值为 0.53，最低值为 0.2316，49.23%的农户生计恢复力指数高于均值；从箱体来看，箱体上、下四分位线相距较近，且与中位线距离较为均匀，所有数据包含与上、下边缘线中，该类型农户生计恢复力指数得分整体较为集中，但恢复力指数偏低。务工/务农型农户生计恢复力指数均值最低（0.3215），且与其他三类农户恢复力均值相差不小，数据显示该类型农户中生计恢复力指数最高值为 0.5519，最低值为 0.1750，38.18%的农户生计恢复力指数高于均值；从箱体来看，该类型农户箱体整体较低，上、下边缘线外异常值较多，上四分位与下四分位线距离较近，这些特征表明，务工/务农型农户数据分布较为分散，存在两极分布的现象。

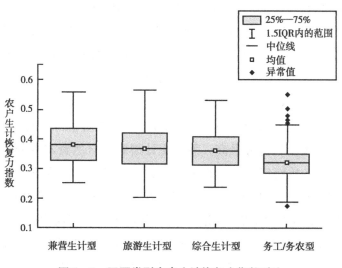

图 7 - 7　不同类型农户生计恢复力指数对比

（2）缓冲能力指数分析

根据农户类型划分结果，分类统计四种类型农户的缓冲能力指数，并对 5 大生计资本构成情况进行对比分析（见图 7 - 8）。均值结果显示，各类型农户缓冲能力指数（见表 7 - 5）由高到低依次为综合生计型 > 兼营生计型 > 旅游生计型 > 务工/务农生计型，结合 K - means 聚类对缓冲能力指数的分类，各类型农户缓冲能力指数均值均处于中等水平（等级 Ⅱ）。

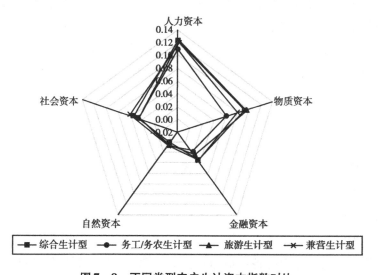

图 7 - 8　不同类型农户生计资本指数对比

结合前文分析，人力资本在5大生计资本中占比最高，从不同类型农户的表现来看，综合生计型农户人力资本得分最高，其"高中以上学历占比"与"家庭残病人口占比"两项指标得分均高于其他3种农户类型，务工/务农生计型农户人力资本得分最低，该类型农户的家庭受教育程度、劳动力人口占比均低于其他农户类型。自然资本在5大生计资本中占比最低，四类农户此项资本得分也较低，其中务工/务农型农户自然资本得分最高，主要得益于"家庭牲畜数量"得分最高，兼营生计型农户自然资本得分最低，但其"人均耕地/经济林面积"指标得分最高，调研发现，采取兼营生计型的农户，通常会通过租赁土地等，开展魔芋、药材、白柚等经济作物的种植或鸡、鱼养殖。物质资本由"家庭耐用品"与"住房条件"两项构成，农家乐与民宿是农户参与旅游业的主要形式，受旅游接待条件要求的影响，旅游生计型农户往往大件生活用品、家庭运输工具等配置齐全，且对房屋进行面积扩充、内外景装饰提档，因此旅游生计型农户此项得分最高，而务工/务农型农户此项得分明显低于其他3类农户。金融资本结果显示，综合生计型农户与兼营生计型农户该项得分高于旅游生计型与务工/务农生计型农户，从具体评价指标来看，综合生计型农户与兼营生计型农户在"收入多样性"方面，具有明显优势，旅游生计型农户在"家庭年收入""土地征收补偿款"两项指标上，优势突出。社会资本结果显示，得益于"社团参与数量"及"社团活动次数"两项指标得分较高，兼营生计型农户该项得分最高，其余3类农户该项指标得分差异较小，实地调研发现，兼营生计型农户多通过参与养蜂、藤茶、药材种植合作社等，开展生计活动，且合作社的参与对农户家庭发展起到了积极作用，"家中或亲戚中是否有干部"指标中，综合生计型农户得分最高，4类农户在"社会保险参保率"该项指标上得分差异较小。

（3）自组织能力指数分析

根据农户类型划分结果，分类计算四种类型农户的自组织能力指数，并对其内部构成差异进行对比分析（见图7-9）。均值结果显示，各类型农户自组织能力指数（见表7-5）由高至低依次为兼营生计型＞旅游生计型＞务工/务农生计型＞综合生计型，结合K-means聚类对自组织能力指数的分类，各类型农户自组织能力指数均值均处于中等水平（等级Ⅱ）。

从构成自组织能力的各项指标来看（见图7-9），邻里信任度分值占比最高，其中兼营生计型农户该项指标得分最高，其余3类农户得分相差较小；

旅游生计型农户"家庭资助机会"得分最高，调研数据显示该类型农户在缺乏资金时选择的资助途径均值为1.103次，43.93%旅游生计型农户首选资助方式为亲友，38.32%旅游生计型农户首选资助方式为银行或信用社，综合生计型农户该项指标得分最低，农户平均资助机会为0.814；兼营生计型农户"社区活动效果"得分远高于其他3类农户，主要得益于采取兼营型生计策略的农户，多通过参与养蜂、藤茶、药材种植合作社等，开展生计活动，且合作社的参与对农户家庭发展起到了积极作用，但整体来看，农户社会组织与活动参与积极性较低，且实际参与农户占比非常低。

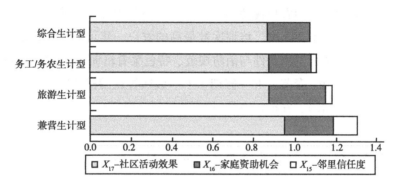

图 7 - 9　不同类型农户自组织能力指数分析

(4) 学习能力指数分析

分别计算综合生计型、旅游生计型、兼营生计型与务工/务农生计型农户的学习能力指数，并对不同类型农户在具体指标上的表现进行对比分析（见图7 - 10）。均值结果显示，各类型农户学习能力指数（见表7 - 5）由高至低依次为综合生计型 > 旅游生计型 > 兼营生计型 > 务工/务农生计型，

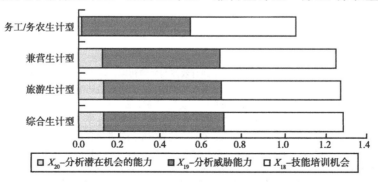

图 7 - 10　不同类型农户学习能力指数分析

结合 K－means 聚类对学习能力指数的分类，各类型农户学习能力指数均值均处于中等水平（等级Ⅱ）。

根据图 7－10，两项感知指标（X_{19}、X_{20}）在学习能力最终得分中占比最高，具体来看，务工/务农型农户两项感知指标得分明显低于其他 3 种类型①，综合生计型农户对外在威胁与机遇的感知能力最强，其次为旅游生计型农户，从两项指标来看，两者具有高度的相关性，对外部风险感知能力较强的农户，往往能够更加敏感的感受到外在发展机遇，相反，对外部发展机遇感受较差的农户，其对外部风险的分析能力也相对较弱。从"技能培训"指标来看，旅游生计型农户优势明显，实地调研数据显示，旅游生计型农户年均受培训次数为 1.243 次，培训次数最高的农户一年可达 5 次，培训内容包括服务接待规范、卫生条件与消防规范、特色菜肴培训、食品安全规范等，主要集中于清明节、春节、五一假期、十一假期等旅游接待旺季前夕，一般通过村委会统一组织、安排，由县/州旅游部门负责。

7.3.3 不同局域单元农户生计恢复力测度结果

采取同样生计策略的农户，因其所处地域环境的不同，显现出不同的生计恢复力水平。因此，有必要对不同区域农户的生计恢复力水平进行对比分析。本小节，以 10 个调研村/村组为农户划分标准，探究不同局域单元（营上、二官寨、两河口、伍家台、长堰和新桥、白鹊山、黄柏村、石桥村、小西湖村、新溪村和黄鹤村）农户生计恢复力水平差异。

（1）农户生计恢复力指数分析

根据公式（7－1）至公式（7－4），计算得到 10 个局域单元农户的生计恢复力指数、缓冲能力指数、自组织能力指数与学习能力指数（见表 7－6）。

---

① 课题组调研时间恰逢新冠肺炎疫情得到有效控制后的初期，调研时课题组成员就此两项感知问题，会延伸访问恩施州旅游地农户在新冠肺炎疫情期间，是否考虑过从事别的行业，或是否采取市场刺激措施，使旅游接待量、家庭收入有所提高，实地调研发现，农家乐/民宿经营农户中，部分农户会在暑期前提前联系往年的老顾客，并提供价格上的折扣、接送服务等，吸引顾客前来，还有部分农户受疫情影响，开展新的经营业务，如二官寨村一位农家乐经营者谈到：疫情过后，我们开始做公司/事业单位团建、夏令营、露营、徒步、车友会等形式的旅游产品，因为我认识旅行社的一些人，让他们帮忙拉点客人，主要都是周边县市或者武汉的游客，但这样子可以增加点收入，稳定下客源，毕竟上半年都没开张。此外，也有部分农家乐经营者选择其他行业应对疫情危机，如经济作物种植（魔芋、百合等药材）。

为小西湖 > 营上村 > 黄鹤和新溪 > 白鹊山 > 伍家台 > 二官寨 > 长堰和新桥 > 两
河口村 > 石桥村 > 黄柏村，结合 K-means 聚类对生计恢复力指数的分类，石
桥村与黄柏村农户生计恢复力指数均值处于低水平（等级Ⅲ），其余 8 个局域单
元生计恢复力指数均值处于中等水平（等级Ⅱ）。从生计恢复力构成的各分项来
看，小西湖村缓冲能力、自组织能力与学习能力指数，均处于最高值。

表 7-6　　　　　　　不同局域单元农户生计恢复力指数均值

局域单元	恢复力指数 （R_i）	最高值 （R_i）	最低值 （R_i）	缓冲能力 指数（B_i）	自组织能力 指数（Se_i）	学习能力 指数（L_i）
小西湖	0.3925	0.5519	0.2808	0.3196	0.4110	0.4470
营上村	0.3746	0.5668	0.2019	0.3061	0.3974	0.4204
新溪和黄鹤	0.3659	0.4955	0.2702	0.2936	0.3958	0.4083
白鹊山	0.3519	0.5138	0.2377	0.2782	0.3824	0.3951
伍家台	0.3455	0.4702	0.2655	0.2775	0.3971	0.3620
二官寨	0.3394	0.5567	0.2405	0.2509	0.4070	0.3604
长堰和新桥	0.3366	0.4665	0.1894	0.2661	0.3587	0.3851
两河口村	0.3196	0.4803	0.1750	0.2280	0.3596	0.3712
石桥村	0.3099	0.4798	0.2274	0.2265	0.3433	0.3600
黄柏村	0.3067	0.5040	0.2147	0.2411	0.3177	0.3615

　　以封箱图形式对不同局域单元各农户的生计恢复力指数分布情况进行呈
现，得到图 7-11，此处参照前文惯例，上、下边缘线仍以 1.5 倍 IQR 为取
值范围。根据图 7-11，小西湖村封箱体形态表现为均值高于中位数，上分
位线与中位线的距离明显高于下分位线与中位线的距离，上下边缘外无异常
值，表明小西湖村各农户生计恢复力指数呈现高值倾斜态，且数据分布较为
集中。营上村封箱体形态表现为均值与中位数位置吻合，上分位线距离略高
于下分位线，上下边缘线外无异常值，表明营上村被调研农户生计恢复力指
数分布较为均匀，高值数量略高于低值数量，但整体分布较为集中。黄鹤和
新溪封箱体形态表现为均值与中位数吻合，下分位线距离略高于上分位线，
上下边缘线外无异常值，受这一局域单元样本量较小的影响，黄鹤和新溪村
样本曲线分布较为平缓，数据分布较为集中。白鹊山村封箱体形态表现与小
西湖村表现较为相似，即均值高于中位数，上分位线与中位线的距离略高于

下分位线与中位线的距离，上下边缘外无异常值。伍家台封箱体形态表现较为特殊，其箱体较小，中位数与均值吻合，上边缘线外有异常值，这些表明，除最高值（0.470）明显较高之外，伍家台村农户生计恢复力指数整体呈现出集中态势，依顺序排列后，相邻两值间相差较小。二官寨封箱体显示，中位数低于均值，下分位线与中位线距离略高于上分位线距离，上边缘线外有异常值，说明该局域单元农户生计恢复力指数数值分布分散，存在异常高值。长堰和新桥村中位数与均值吻合，上、下四分位线与中位线距离较为对称，上下边缘线外无异常值，表明该局域单元农户生计恢复力指数数值分布呈现近"正态分布"的对称分布态势。两河口村、石桥村与黄柏村，封箱体整体高度低于其他局域单元，且有异常值分布于上、下边缘线外，均值与中位线较为吻合，表明这三个局域单元农户生计恢复力指数整体较低，且存在与数据整体态势偏离的过高值或过低值。

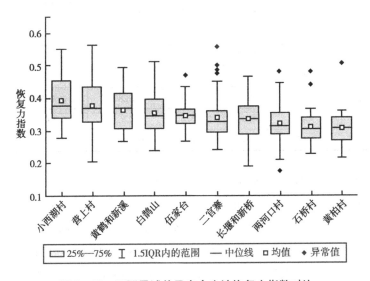

图7－11　不同局域单元农户生计恢复力指数对比

（2）缓冲能力指数分析

分类统计不同局域单元农户的缓冲能力指数，并对五大生计资本构成情况进行对比分析（见图7－12）。均值结果显示，各局域单元农户缓冲能力指数（见表7－6）由高至低依次为小西湖＞营上村＞黄鹤和新溪＞白鹊山＞伍家台＞长堰和新桥＞二官寨＞黄柏村＞两河口＞石桥村，结合K－means聚类对缓冲能力指数的分类，小西湖与营上村缓冲能力指数处于丰裕（等级Ⅰ）水平，其余 8 个局域单元缓冲能力处于中等水平（等级Ⅱ）。从 5 大资本的构成来看，小西湖除自然资本外，其他 4 项生计资本指数均处于各局域单元的首位。

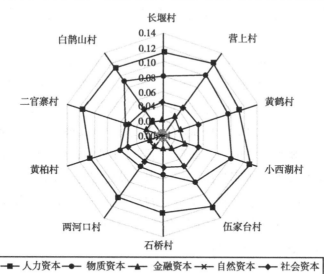

图 7 - 12 不同局域单元农户生计资本指数对比

同前文分析结果一致，人力资本在 5 大生计资本中占比最高，从不同局域单元农户的具体表现来看，小西湖农户人力资本得分最高，该村被调查农户的劳动力人口占比最高，伍家台、黄鹤和新溪、二官寨人力资本得分高于均值水平，其余局域单元人力资本低于平均水平。从具体指标来看，营上村高中以上学历人口占比最高，两河口村最低，劳动力人口占比最低的局域单元为黄柏村，各局域单元间残疾/重病人口比例得分差异较小。

物质资本结果显示，小西湖、营上、黄鹤和新溪、白鹊山、长堰和新桥与白鹊山村物质资本得分高于平均水平。从具体指标来看，营上村家庭物资情况得分最高，小西湖村住房条件得分最高，两者均为以农家乐接待为主要经营形式开展旅游接待服务。

金融资本结果显示，小西湖、营上、黄鹤和新溪、白鹊山、二官寨金融资本得分高于平均水平。从具体指标来看，"家庭收入多样性"得分最高与最低值分别为小西湖村与两河口村；"农户家庭年收入"得分最高值与最低值分别为营上村与黄柏村；"土地补偿征收款"得分最高、最低的局域单元分别为小西湖村与伍家台村。

自然资本在 5 大生计资本中占比最低，其中恢复力指数得分较低的黄柏村，自然资本得分最高，此外二官寨、两河口、黄鹤村、白鹊山村自然资本得分高于均值水平。从具体指标来看，"人均耕地/经济园面积"得分最高与最低值分别为二官寨村与白鹊山村，"牲畜/禽类数量"得分最高与最低值分别为黄鹤和新溪、伍家台村。

社会资本结果显示，小西湖、伍家台、黄鹤和新溪、二官寨、黄柏村社会资本得分高于均值水平。从具体指标来看，黄鹤和新溪村"社团组织参与"得分最高，石桥村"社区活动次数"得分最高。实地走访发现，黄鹤和新溪村通过引进市场主体，开展城镇周边菜篷种植发展经济，并成立合作社，邻近农户利用闲暇时间种植、采摘等参与到合作社中；而石桥村通过村大队成立的公益性社团组织"五彩公社"，积极参与特定家庭（贫困户、空巢家庭等）的帮扶工作①。指标"家庭政治精英"得分最高值与最低值分别为营上村、白鹊山村，"家庭社会保险参保率"各局域单元得分差异较小，均较高。

（3）自组织能力指数分析

分类计算 10 个局域单元农户的自组织能力指数，并对其内部构成差异进行对比分析（见图 7-13）。均值结果显示，各类型农户自组织能力指数（见表 7-6）由高到低依次为小西湖 > 二官寨 > 营上村 > 黄鹤和新溪 > 白鹊山 > 两河口 > 长堰和新桥 > 石桥 > 黄柏，结合 K-means 聚类对自组织能力指数的分类，各类型农户自组织能力指数均值均处于中等水平（等级 Ⅱ）。

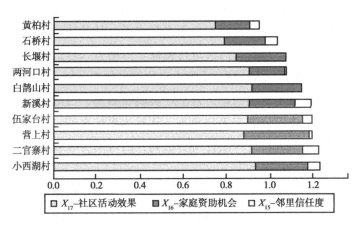

图 7-13 不同局域农户自组织能力指数分析

① "五彩公社"约有 30 名村民参加，该社团为公益性组织，由本村大队领头、本村大学生负责实际组织工作，主要为扶贫困户、留守家庭、空巢家庭等劳动力缺乏农户提供劳动力帮助，参与帮扶工作的社团成员，通过积分的方式，获取相应、适当的物质奖励，如发放粮油。

从构成自组织能力的各项指标来看（见图 7 - 13），邻里信任度分值占比最高，其中小西湖村该项指标得分最高，除石桥、黄柏外，其他局域单元农户自组织能力指数均高于均值；"家庭资助机会"结果显示，该项指标得分最高与最低的局域单元分别为营上村与黄柏村，问卷数据显示营上村农户在缺乏资金时选择的资助途径均值为 1.21 次，从整体表现来看，新溪、石桥、两河口与黄柏村低于平均水平，其他局域单元均高于均值水平；调研数据显示，黄鹤和新溪村农户"社区活动效果"得分最高，当地农户积极加入菜篷种植合作社，利用农闲时间提供劳务工作，获取一定的经济报酬，如摘菜工作每小时工资为 8 元，一个月人均收入为 1500—2000 元，一方面使闲散劳动力得到利用，另一方面也增加了家庭收入，取得了较好的效果。

（4）学习能力指数分析

分类统计不同局域单元农户的学习能力指数，并对不同局域单元农户在指标"技能培训机会、外部威胁分析能力、潜在机会分析能力"的表现进行对比分析（见图 7 - 14）。均值结果显示，各类型农户学习能力指数（见表 7 - 6）由高至低依次为小西湖 > 营上村 > 黄鹤和新溪 > 白鹊山 > 长堰村 > 两河口村 > 伍家台 > 黄柏村 > 二官寨 > 石桥村，结合 K - means 聚类对学习能力指数的分类，各类型农户学习能力指数均值均处于中等水平（等级 Ⅱ）。

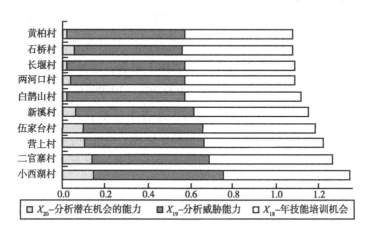

图 7 - 14 不同局域农户学习能力指数分析

从具体指标来看，"年技能培训次数"得分占比较低，但不同局域单元之间该项指标得分差异较大，该项指标得分最高与最低的村域分别为小西湖村（0.148）、两河口村（0.015），从户均培训次数来看，小西湖村年户均培训次数为 1.5 次，两河口村仅有 0.15 次，营上村年户均培训次数也较高，约为 1.38 次；两项感知指标（X_{19}、X_{20}）在学习能力最终得分中占比最高，且两者具有较强的相关性，即对外部风险感知能力较强的农户，其对外部发展机遇的感知敏感度也较高，数据显示，小西湖村两项感知指标居于首位，其次为与小西湖村毗邻的黄鹤和新溪村，指标 X_{19} 得分最低的局域单元为二官寨村，指标 X_{20} 得分最低的局域单元为石桥村。

7.4　恩施州农户生计恢复力障碍度及其影响机理分析

辨识农户生计恢复力的阻碍因素，是提升生计恢复力水平的重要手段，有助于准确识别乡村旅游发展过程中，农户生计的薄弱环节，并为消除这些制约因素，提供更有效的依据。因此，同县域、社区尺度分析一致，本小节运用障碍度模型识别维度层面及指标层面影响农户生计恢复力的障碍因素。

7.4.1　维度层障碍度分析

根据公式（7-5）、公式（7-6），计算得到农户整体、不同类型、不同局域单元农户生计恢复力各维度（缓冲能力、自组织能力、学习能力）的作用力大小（见表 7-7）。结果显示，从整体上来看，缓冲能力、自组织能力、学习能力其障碍度分别为 37.397%、31.607%、30.995%，缓冲能力对农户生计作用力更大。从不同生计类型来看，综合生计型农户各维度障碍度由大到小依次为：缓冲能力 > 学习能力 > 自组织能力；务工/务农型农户各维度障碍度由大到小依次为：缓冲能力 > 自组织能力 > 学习能力；旅游生计型农户各维度障碍度由大到小依次为：缓冲能力 > 自组织能力 > 学习能力；兼营生计型农户各维度障碍度由大到小依次为：缓冲能力 > 学习能力 > 自组织能力。从 10 个局域单元的表现来看，二官寨和伍家台维度层障碍度由大到小依次为缓冲能力 > 学习能力 > 自组织能力，其余 8 个局域单元障碍度由高至低依次为缓冲能力 > 自组织能力 > 学习能力。维度层障碍度结果显示（见表 7-7），三大维度间障碍度差异不大，各障碍度结果均在 30%—40%，但农户生计资本存量水平始终是恩施州旅游地农户生计恢复力的重要影响因素。

表7-7　　　恩施州旅游地不同类型农户生计恢复力维度层障碍度　　　单位:%

农户类型	缓冲能力	自组织能力	学习能力	农户类型	缓冲能力	自组织能力	学习能力
综合生计型	37.302	30.883	31.815	白鹊山	37.397	31.841	30.762
务工/务农型	36.833	33.755	29.412	伍家台	36.873	30.633	32.494
旅游生计型	37.646	32.133	30.221	二官寨	37.987	29.817	32.197
兼营生计型	38.200	30.555	31.245	长堰和新桥	37.038	32.103	30.859
小西湖	37.626	32.243	30.131	两河口村	37.915	31.421	30.664
营上村	37.294	32.313	30.394	石桥村	37.463	31.537	31.001
新溪和黄鹤	37.355	31.705	30.940	黄柏村	36.642	32.669	30.688

从不同生计类型农户首要障碍维度——缓冲能力的影响作用大小来看，兼营生计型农户障碍度最高（38.20%），务工/务农生计型农户障碍度最低（36.83%），旅游生计型农户障碍度（37.65%）高于综合生计型农户（37.30%）。表明随着生计恢复力水平的提高，其首要障碍因子对其生计水平的影响更为剧烈。于兼营农户而言，家庭收入主要来源以经济作物种植或务工/务农为主，旅游收入为辅，一方面，生计策略的选择取决于其家庭资本的现有条件，尤其是经济作物种植、牲畜养殖、旅游业经营等，均对家庭自然资本、物质资本、金融资本、人力资本等有着较高的要求，另一方面，在面对自然、市场风险扰动时，农户家庭资本的存量决定了其对抗力的大小，因此缓冲能力成为影响该类农户生计恢复力水平的关键维度。于务工/务农户而言，其家庭收入来源主要为外出务工或短期打工所得，是以"人"为核心动能的收入获取方式，因此相较于家庭的资本存量水平，农户的自组织能力与学习能力同样对生计恢复力有着重要影响。

7.4.2　指标层障碍度分析

运用公式（7-5）和公式（7-6），计算得到农户整体及不同类型农户指标层障碍因子及其障碍度结果，为便于探究其内部联系与差异，精准客观的识别农户生计恢复力障碍因子，在对不同类型农户障碍因子解析时，选取所有障碍因子的前10位展开分析。

从整体上来看，障碍度排位前 5 的指标分别为金融资本下的土地征收补偿款（X_8）、自然资本下的牲畜/禽类数量（X_{10}）、社会资本下的社团活动次数（X_{12}）、自然资本下的人均耕地/经济园面积（X_9）及自组织能力下的社区活动效果（X_{17}），从其所属维度来看，缓冲能力维度是农户生计恢复力提升的主要障碍因素。具体分析来看，家庭土地征收补偿款是首要障碍因子，调研走访发现，恩施地区土地征收为农户开展各类生计活动提供了一定的资金支持①，成为农户选择不同生计策略的重要影响因素，此外走访发现，在土地征收过程中也存在着不同利益主体间的矛盾冲突②；自然资本"人均耕地/经济园面积""牲畜数量"、社会资本"社区活动参与情况""家庭政治精英"、人力资本"高中以上学历占比"等农户缓冲能力指标，对农户生计恢复力的作用力也较大，生计资本是农户开展生计活动的物质与劳动力依托，结合维度层障碍度分析结果，家庭生计资本存量是农户生计恢复力提升的关键因素；除缓冲能力因素外，"社区活动效果""技能培训机会"等农户自组织能力与学习能力也是农户生计恢复力提升的重要因素，其障碍度也较高。

依据不同类型农户生计恢复力指数的高低，对其指标层障碍因子进行分析。恢复力水平最高的兼营生计型农户，障碍因子前 10 位依次为：土地征收补偿款、牲畜/禽类数量、人均耕地/经济园面积、社团活动次数、家庭年收入、技能培训次数、社区活动效果、高中以上学历占比、社团组织、家庭政治精英（见表 7-8、图 7-15），从其所属维度出发，分别为缓冲能力（8）、自组织能力（1）、学习能力（1），表明缓冲能力是该类型农户生计恢复力提升的主要障碍因素。相较于农户整体的障碍因子排序，指标 X_9、X_1 对兼营生计型农户的障碍度更为突出，两指标分别代表农户的自然资本与人力资本，兼营生计型农户受其生计策略"经

---

① 调研发现，土地征收主要包括：景区建设征收耕地、林地或宅基地，其中以营上村、小西湖村较为突出，农民获得的补偿款多达 50 万元，而这批农户通常成为早期参与乡村旅游业的农户；道路建设征收耕地、林地或宅基地；传统建筑的保护性征收，以彭家寨村较为突出，走访发现，核心区 20 余栋土家族吊脚楼已被国家文物部门对其所有权进行收购，并依据木屋面积与年限、保护价值等发放 20 万—40 万元不等的征收款。

② 课题组在×××村调研时恰逢村委会对新一轮土地征收进行土地测量与确认，同行者除土地拥有者——村民外，还包括镇政府工作人员、旅游开发商等，在土地量测过程中，双方就土地面积、征收价格等产生了冲突。

济作物/牲畜养殖"与"旅游经营"兼顾的影响，对农户自身自然资本水平与人力资本有着较高的要求。

表7-8　　　　恩施州旅游地农户生计恢复力指标层障碍度　　　单位:%

排序	障碍因子	障碍度	排序	障碍因子	障碍度
1	X_8：土地征收补偿款	7.658	11	X_{16}：家庭资助机会	5.609
2	X_{10}：牲畜/禽类数量	7.140	12	X_6：收入多样性	5.589
3	X_{12}：社团活动次数	7.139	13	X_4：家庭物资情况	5.246
4	X_9：家庭人均耕地/经济园面积	7.048	14	X_5：住房条件	3.631
5	X_{17}：社区活动效果	7.008	15	X_{20}：分析潜在机会能力	3.269
6	X_{11}：社团组织	6.838	16	X_{19}：分析外部威胁能力	3.240
7	X_{18}：年技能培训次数	6.742	17	X_2：劳动力人口占比	2.791
8	X_7：家庭年收入	6.691	18	X_{14}：社会保险参保率	2.022
9	X_1：高中以上学历占比	6.068	19	X_{15}：邻里信任度	0.855
10	X_{13}：家庭政治精英	5.883	20	X_3：残疾人及重病人占比	0.228

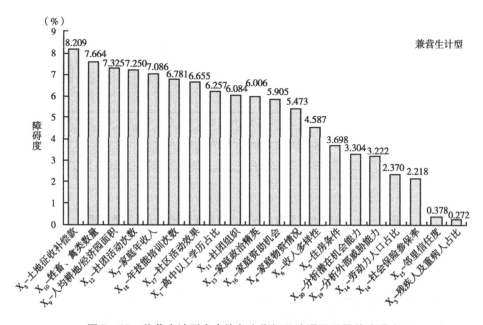

图7-15　兼营生计型农户恢复力指标层障碍因子及其障碍度

旅游生计型农户，障碍因子排位前 10 的指标因子分别为：土地征收补偿款、社区活动次数、牲畜/禽类数量、人均耕地/经济园面积、社区活动效果、社团组织、家庭年收入、年技能培训机会、收入多样性、家庭政治精英（见图 7-16），各项指标障碍度均高于 6%。从其所属维度出发，分别为缓冲能力（8）、自组织能力（1）、学习能力（1），表明缓冲能力是该类型农户生计恢复力提升的主要障碍因素。相较于农户整体及兼营生计型农户，指标"收入多样性"进入前 10 位。旅游业相较于种植业、制造业等产业具有较高的敏感性，以旅游业为主要经济来源（占比在 80% 以上）的农户，对旅游业高度依赖，当旅游市场发生波动，其家庭生活水平与应对外部风险的能力，则会急剧下降。由于缺少从事其他行业的经验，导致该类型农户无法在较短时间内选择新的、符合自身优势条件的生计策略。因此，对单一收入来源型的农户，增加收入多样性，是提升农户生计恢复力的关键因素。

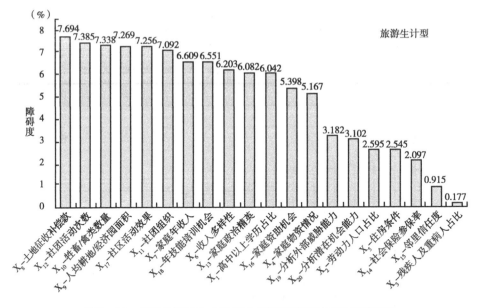

图 7-16　旅游生计型农户恢复力指标层障碍因子及其障碍度

综合生计型农户是以稳定职业 + 外出务工/居家务农 + 旅游经营为生计方式的农户，其障碍因子排位前 10 的指标因子分别为：土地征收补偿款、社团活动次数、社团活动效果、牲畜/禽类数量、社团组织参与情况、人均耕地/经济园面积、家庭年收入、技能培训次数、高中以上学历占比（见图 7-17）。从其所属维度出发，分别为缓冲能力（8）、自组织能力（1）、学习能力（1），表明缓冲能力是该类型农户生计恢复力提升的主要障碍因素。相较于农户整体及兼营生计型、旅游生计型农户，社会资本指标"社团活动次数"、自组织能力指标"社团活动效果"在综合生计型农户障碍指标中排位前位，表明社会资本及农户自组织能力是该类型农户生计恢复力提升的关键；此外"家庭资助机会"也进入障碍因子的前 10 位。

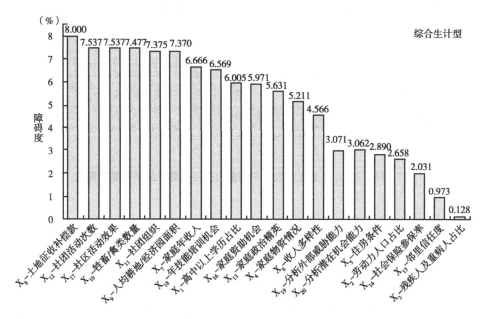

图 7-17　综合生计型农户恢复力指标层障碍因子及其障碍度

务工/务农生计型农户，障碍因子排位前 10 位的指标依次为：土地征收补偿款、年技能培训次数、社团活动次数、牲畜/禽类数量、人均耕地/经济园面积、社区活动效果、社团组织参与情况、家庭年收入、高中以上学历占比、家庭政治精英（见图 7-18），与前三类农户类型一致，缓冲能力是该类型农户生计恢复力提升的主要障碍因素（8 个指标）。相较于农户整体及其他类型农户，"年技能培训次数"对务工/务农生计型农户生计恢复力的影响强度较大。务工/务农型农户其生计恢复力在 4 种农户类型中最低，其缓冲能力指数与学习能力指数均为四类农户的最低位，由障碍度结果可知，除增加该类型农户的生计资本存量外，提升农户的学习能力，以"质"增强，是提升农户生计恢复力的重要方式。

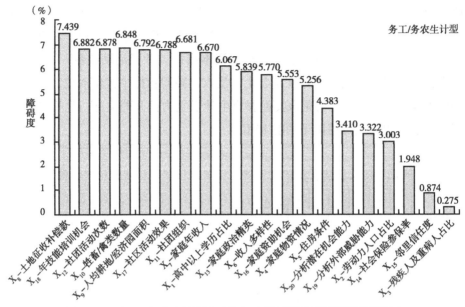

图7-18 务工/务农生计型农户恢复力指标层障碍因子及其障碍度

7.4.3 影响机理分析

山区旅游地农户生计恢复力是内外部不同因子间相互联系和作用的共同结果，单因子的变动也会对其他相关因子产生连锁反应，对农户生计恢复力的稳定性与持续性产生影响（王群，2015）。因此有必要从综合性视角，梳理、归纳农户生计恢复力的影响因子及其之间相互依赖、相互制约的影响机制（见图7-19）。

（1）生计资本存量是农户生计恢复力的主导因素

前文分析表明，无论是农户整体，还是不同生计类型的农户，缓冲能力始终是障碍度最高的因子。缓冲能力代表系统对外部扰动的吸收能力，由可持续生计框架中的5大生计资本表征。家庭生计资本存量不仅是影响农户生计恢复力的主导因素，同时也很大程度上决定了农户生计策略选择，前文分析发现，综合生计型农户其缓冲能力指数明显高于务工/务农型农户，即丰裕的存量，为农户生计策略的选择提供了有效保障。但这也反映出，农户的自组织能力与学习能力的效应并未能有效调动，家庭生计的本底条件仍然是生计恢复力的主导因素。

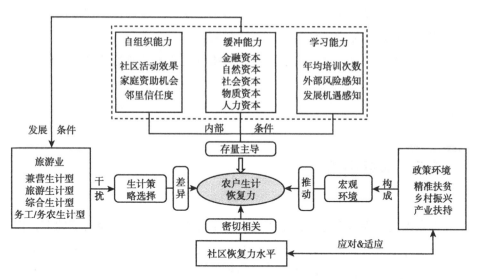

图7-19 农户生计恢复力影响机理

（2）生计策略选择是农户生计恢复力的差异因素

随着旅游逐渐成为区域发展的新型扰动因素，农户通过生计资本的利用与区域发展机遇的把握，逐渐形成4种不同类型的生计策略（兼营生计型、旅游生计型、综合生计型、务工/务农生计型）。前文分析表明，选择不同生计策略的农户，对外部干扰的变化及对不利影响的适应能力截然不同，其恢复力结果存在显著差异。恢复力结果显示，兼营生计型农户恢复力水平最高，务工/务农生计型农户则最低，由于不同类型农户其在生计资本本底条件、社会组织关系及学习能力方面存在不同的优势要素，因此优势要素转化为抵御风险的能力与可持续发展动力的能力也截然不同（贾垚焱等，2021）。

（3）政策环境是农户生计恢复力提升的推动因素

随着精准扶贫、乡村振兴等相关国家战略的提出，产业扶持、民生造福等相关政策逐步落地，为帮扶农户更好地参与到旅游经营中，多项便捷的政策得到推广和应用，如免息/贴息/低息专项农家乐/民宿经营贷款、农村种植业/养殖业合作社筹建等，以及积极引进旅游开发项目、对文物资源大力度保护等，这些都对农户生计恢复力的提升起到推动作用。

（4）社区恢复力水平是农户生计恢复力的相关因素

农户作为最小的决策单元，其恢复力水平与所在社区整体的恢复力水平密切相关。结合第6章研究结果，对比分析发现，小西湖与营上两社区恢复力在案例社区中排位靠前，两社区农户的生计恢复力也同样排位靠前，与此情况相似，社区恢复力排位靠后的石桥与黄柏，其农户生计恢复力排位也靠后。恢复力的多尺度特征，决定了农户个体发展离不开所处社区外部环境的影响（王子侨，2018），社区应对外部扰动的能力一定程度上由农户应对外部扰动能力构成，而同样，农户生计韧性也得益于所处社区的整体适应环境。

7.5 本章小结

本章以农户为研究对象，在明确农户生计恢复力概念内涵的基础上，构建包含缓冲能力、自组织能力、学习能力三大维度的农户生计恢复力评价框架，从微观视角对恩施州旅游地农户的恢复力水平进行深入探究，同时对比分析不同类型、不同局域单元生计恢复力的差异，在探寻恢复力障碍因子的基础上，找到提升农户生计恢复力的突破口。研究结果发现：

恩施州旅游地农户生计恢复力指数均值为 0.346，农户中最高值为0.567，最低值为 0.175，根据 K – means 聚类法分类结果，近半数农户生计恢复力水平处于中等水平；从农户生计恢复力 3 大构成维度来看，被调查农户缓冲能力指数均值为 0.270，且农户间缓冲能力指数差异较显著，从构成缓冲能力的 5 大生计资本得分来看，人力资本对生计资本丰度的贡献度最高；农户自组织能力指数均值为 0.379，根据 K – means 聚类法分类结果，整体呈现"两头小、中间大"的形态；农户学习能力指数均值为 0.388，40% 的农户学习能力指数高于均值。

以家庭收入来源构成为判别依据，可将农户划分为综合生计型、旅游生计型、兼营生计型、务工/务农生计型 4 类。各类型农户生计恢复力指数由高至低依次为兼营生计型、旅游生计型、综合生计型、务工/务农生计型，其生计恢复力指数均值均处于中等水平，从生计恢复力构成的各分项来看，综合生计型农户缓冲能力指数与学习能力指数最高，兼营生计型农户自组织能力指数最高。

以地理空间为划分依据，对 10 个调研局域单元的农户生计恢复力指数进行对比分析。结果显示农户生计恢复力指数均值由高至低依次排序为小西湖＞营上＞黄鹤和新溪＞白鹊山＞伍家台＞二官寨＞长堰和新桥＞两河口＞

石桥村 > 黄柏村，其中石桥与黄柏村农户生计恢复力指数均值处于低水平等级，其余8个局域单元生计恢复力指数处于中等水平；从各构成分项来看，小西湖村缓冲能力、自组织能力与学习能力指数，均处于最高值。

障碍度模型计算结果显示，维度层面，缓冲能力即农户生计资本存量是被调研农户整体、不同类型农户生计恢复力的首要障碍因素；指标层面，从整体上来看，前5位障碍度指标分别为 X_8、X_{10}、X_{12}、X_9、X_{17}；从不同类型农户生计恢复力的障碍因子各不相同，对比来看，X_9、X_1 对兼营生计型农户的障碍度更为突出，X_6 对旅游生计型农户的影响更大，X_{11}、X_{17} 在综合生计型农户障碍指标排位较为靠前，X_{18} 对务工/务农生计型农户的影响更突出。综合农户生计恢复力测度结果可知，生计资本存量是农户生计恢复力的主导因素，生计策略选择是农户生计恢复力的差异因素，政策环境是农户生计恢复力提升的推动因素，社区恢复力水平是农户生计恢复力的相关因素。

第8章

恩施州旅游地社会—生态系统
适应性管理对策

适应性管理是提升区域社会—生态系统恢复力的主要途径（王群，2015）。本章根据恩施州旅游地多空间尺度恢复力评估结果的对比，总结出影响区域社会—生态系统恢复力的共性规律和不同尺度层面的焦点问题，基于此，提出多尺度旅游地社会—生态系统适应性管理对策。

8.1 恩施州旅游地多尺度恢复力评估结果对比

前文中，根据研究尺度的变化，在辨析恢复力对象即"Resilience to What"的基础上，本书搭建了具有针对性的恢复力评价框架并采用多种评估方法，对县域、社区、农户/家庭空间尺度的恢复力水平、特征及影响机理进行了分析。"不同空间尺度间恢复力评估结果是否具有统一性与延续性？三种尺度间恢复力表现有何关联与差异？"等问题，需要进行进一步深入分析。通过探讨不同尺度间山区旅游地社会—生态系统（SES）恢复力的变化，能够有效揭示这一特殊地理单元恢复力的本质，并为提出有效的对策建议提供理论参考。因此，本小节从一致性与差异性两个角度，对恩施州旅游地多尺度下恢复力水平结果进行对比分析。

8.1.1 评估结果的一致性

前文按照"自上而下"的分析思路，对不同空间尺度的恢复力水平进行了分析（见表8-1），对比不同尺度恢复力水平结果，具有一定的一致性：

一是，恩施州旅游地社会—生态系统恢复力态势在多空间尺度上具有延续性与一致性。恢复力测度结果显示，恩施州旅游地在县域、社区、农户尺度下，恢复力均值分别为0.45、0.52、0.35，根据恢复力等级划分（李伯华等，2013；邹军等，2018），均处于中等恢复力水平阶段，评估结果显示，3个尺度高恢复力样本的比例均较低，表明其抵御外部风险与应对干扰的能力仍显不足。

二是，地形因素对不同尺度下恩施州旅游地社会—生态系统恢复力水平皆有影响。从县域尺度来看，恩施州独特的地形直接影响区域整体的可进入性，指标"等级公路里程数"成为县域恢复力的首要影响因素；从社区尺度来看，海拔与坡度构成的"地形位指数"是排位前三的影响因子；从农户/家庭尺度来看，虽然因子探测结果显示，由5大生计资本构成的缓冲能力是造成恢复力差异的主要原因，但其内在隐含着地形诱因，相关研究表明山区贫困集聚度远高于非山区（高军波等，2019），地形因素对区域经济、信息、人力资本、文化素质有着较强的负向驱动作用。

三是，社会经济因素是不同尺度旅游地恢复力提升的重要突破口。从县域尺度来看，经济子系统应对能力与脆弱能力因子探测值 q 最高，其次为社会维应对能力与脆弱性；社区尺度，社会维恢复力与经济维恢复力排位靠前，且指标层 q 值较高的指标多为社会维与经济维指标；社区尺度生计缓冲能力对恢复力作用最大。这一结果表明，区域整体社会经济发展态势、社区旅游与经济发展水平、农户生计资本存量对恢复力水平有着直接影响，因此需要增强区域整体社会经济实力、提高社区旅游优势要素转化能力、提升农户生计资本存量，进而提高旅游地恢复力水平。

表8-1　　　　恩施州旅游地多空间尺度恢复力测度结果对比

研究尺度	恩施州旅游地 SES 恢复力水平	影响机理
县域尺度	各县市处于中等恢复力水平，均值由高至低依次为恩施、利川、巴东、咸丰、建始、来凤、鹤峰、宣恩，空间上表现为北部四县整体较好，除咸丰外，南部三县恢复力水平较低	区域交通通达性对恢复力有直接影响；旅游经济发展条件与区域经济收入多样性是影响系统敏感性的主控因素；社会与居民存储能力是提高系统应对能力的关键因素；生态本底条件是提高系统恢复力的基础
社区尺度	案例社区恢复力水平整体处于中等水平，从社区所属县域来看，与县域恢复力指数无完全的对应关系，社区恢复力水平随旅游发展成熟度的提升而增强，不同开发模式恢复力水平也存在差异	旅游开发模式对旅游社区恢复力有直接影响；旅游发展水平是旅游社区恢复力变动的动态因素；地理区位、经济水平与旅游环境影响是社区恢复力提升的关键因素
农户尺度	近半数农户生计恢复力水平处于中等水平；不同类型与不同居于单元农户恢复力水平存在差异	生计资本存量是农户生计恢复力的主导因素；生计策略选择是农户生计恢复力的差异因素；政策环境是农户生计恢复力提升的推动因素；社区恢复力水平是农户生计恢复力的相关因素

8.1.2 评估结果的差异性

为考察恩施州不同空间尺度下旅游地社会—生态系统恢复力的差异性，对县域、社区、农户/家庭尺度的恢复力指数进行统计、对比分析，分析结果显示：

一是，随着空间尺度的下降，恢复力指数数值呈现由分散向集中转变的趋势。标准差用于反应数据集的离散程度，对比不同空间尺度旅游地社会—生态系统恢复力指数数值的标准差，结果显示县域、社区、农户尺度恢复力指数数值的标准差分别为 0.116、0.074、0.067，呈现出随空间尺度逐级降低的趋势，即数值离散度下降，表明随着尺度自上而下的变化，恩施州旅游地恢复力的数值分布从分散转向集中。

二是，社区—农户尺度之间，恢复力指数等级对应关系相对明显，其他尺度间对应关系不显著。恢复力测度结果显示，恢复力指数较高的社区，如营上村、小西湖村，其农户生计恢复力指数整体也较高，恢复力指数较低的社区，如黄柏村、石桥村，农户生计恢复力水平也较低。从县域、社区尺度对比来看，两者对应关系不显著，譬如同属县域恢复力水平较低的宣恩县，两河口村与伍家台村的表现截然不同，两河口村恢复力水平较低，但伍家台村表现较好，又或如恩施市的二官寨村，虽然恩施市整体恢复力水平较高，但该社区恢复力水平表现一般。造成这一结果的原因主要由于县域尺度范围大，空间异质性强，同一县域空间内的不同社区其旅游发展条件、社会经济水平差异可能较大，从而导致两个尺度之间的对应关系不显著，反之，社区与农户之间较好的对应关系，得益于社区尺度范围较小，旅游扰动下，社区内部差异相对较小，因此联系更为紧密。

三是，恢复力风险障碍因子随尺度细化逐层聚焦，恢复力复杂性与不确定性刻画更加深入。从不同尺度障碍风险因子的作用程度来看，不断细化的研究尺度使恢复力障碍更加具体，如县域层面交通连通性对恢复力影响较大，社区层面进一步聚焦社区区位条件，农户层面则表现为因区位而引致的土地征补款；县域层面旅游接待人次数/收入成为高 q 值风险因子，社区层面旅游发展成熟度与恢复力水平密切相关。此外，对比发现，尺度间恢复力风险障碍因子存在尺度差异，如县域层面 q 值不高的环境污染与治理因子（生活垃圾/污水处理率），社区层面指标"旅游环境效应"q值则较高。恢复力风险障碍的尺度聚焦与差异，进一步表明恢复力影响的复杂性与不确定性。

8.2 恩施州旅游地社会—生态系统恢复力提升思路

(1) 丰富系统多样性，更新旅游驱动，有效增强系统稳态

多样性系统更易蓄积能量并快速趋向动态平衡（孙晶等，2007）。前文分析发现，以旅游活动为主要驱动力的恩施州旅游地社会—生态系统，系统状态仍停留在以自然资本损耗为代价的物质、财富积累阶段。长期以来，恩施州旅游业主体依然为观光旅游，以恩施州独特的自然风光为主要吸引物，强调自然资源价值。综合恩施州现有资源，"硒都+特色养生""生态+民族文化""冒险+户外运动"等应成为州域新的导向与旅游驱动力。新驱动下的旅游地发展，应既重视旅游经济效益，同时又注重系统多样性培育，如引进新业态、新要素、新产品，实现农旅、文旅、体旅、林旅的深度融合，从而增强系统应对外部扰动的稳定性。

(2) 提高系统开放性，破解交通瓶颈，有效缓解旅游压力

地形地貌一直以来制约着山地地区的发展，旅游活动的特殊性对地域系统的开放性与内外部连通性提出了更高的要求。综合前文分析，宏观尺度的可进入性、中微观尺度的区位条件均对恩施州旅游地系统恢复力有着影响。旅游活动作为旅游地社会—生态系统主要的干扰因素，所带来的旅游压力成为系统紊乱与失调的直接因素，而交通瓶颈的破解，能够实现旅游压力的有效疏散。结合恩施州新型旅游驱动的定位，有必要构建"快进""漫游"的旅游交通网络，进一步增加恩施至主要城市群、旅游城市的直达列车范围，内部强化各县市之间尤其是乡村旅游地的连通度，提高交通网络化水平。

(3) 降低系统脆弱性，排查风险隐患，有效提高应对能力

山地地区长期面临自然灾害频发的风险胁迫，自然灾害脆弱性问题突出，导致系统稳态被打破。恩施州作为洪涝、滑坡、泥石流等自然灾害易发区与敏感区，且灾害易发期、汛期与旅游旺季三期叠加现象明显，因此需要通过科学高效的灾害预警机制，全方位考虑承灾体、致灾因子、孕灾环境，实时动态监控生态环境变化，规避灾害危险地带，提高社会—系统的应对能力，降低系统自然灾害脆弱性。此外，卫生防疫、社会风险评估等社会环境预警系统的设立也十分重要，以提高系统应对突发事件的能力。

8.3 不同空间尺度下系统适应性管理对策

旅游地社会—生态系统的适应性管理目标是，增强系统适应能力以保证系统恢复力，一方面需要全面考量系统不同尺度下面临的症结问题，另一方面需要重点考虑系统中的能动主体"人"。因此，本章基于前述研究，结合区域恢复力对比结果，提出不同尺度下、不同行动主体，促进恩施州旅游地可持续发展的适应性管理对策。

（1）县域尺度

全面统筹旅游规划，实现差异化发展路径。随着州域旅游经济的迅猛发展，各县域旅游资源得到前所未有的利用、开发，实地调研走访发现，由于缺乏基于区域整体背景与长时段的科学旅游规划，造成资源开发与产品设计中，涌现主题定位不明确、客源市场判断失准、产品开发深度不够等问题，导致旅游产品开发初期的热潮无法有效延续。因此有必要统筹区域整体发展定位，避免产品同质化，实现各县域差异化发展路径。

加强基础设施建设，推动保障机制落实。随着大量游客涌入，对州域基础设施造成极大的压力，落后的基础设施、有限的环境承载力与旅游发展之间的矛盾日益突出。调研走访发现，生活性基础设施，如饮水、用电、污水处理等存在供应不足或处理能力有限等问题，基础设施供给能力的不足，也导致游客满意度下降。

（2）社区尺度

发挥村委引导协调作用，建立有效的沟通平台。社区居民往往初尝乡村旅游红利之后，便呈现蜂拥式、模仿化、单一性的旅游参与热潮，并由此带来服务项目单一、特色不鲜明、无序竞争、品牌感染力差等问题，作为农村事务的组织者、服务者，村委会应积极组织村民参与旅游决策，挖掘乡村特色文化资源，积极引导、带领村民探索差异化、独特化发展道路。乡村旅游发展涉及多方利益主体，政府部门、投资企业、社区居民等有着不同的利益出发点与不对等的地位，由此易造成利益冲突。相较于其他利益主体，村委会是最为恰当、直接的纽带与沟通者，通过搭建沟通平台，一方面及时了解利益相关者的困境，另一方面反馈各方利益诉求，实现有效沟通，实现各利益主体间的平衡。

鼓励以社区农户为主体的多形式合作社发展。相对弱势的农户而言，合作社在调动社区居民积极性、集中集体优势、降低市场风险、保障利益公平分配等方面具有优势。实地调研发现，恩施州旅游社区合作社发展数量、水平、参与度均较低。调动多方合作特别是社区居民积极参与是乡村旅游可持续发展的内在动力，因此，有必要建立能够代表村民利益的乡村合作组织或机构，制定一定约束力的规则，增强与其他利益相关者谈判或博弈的力量，保障利益分配、村民机会的公平。

(3) 农户尺度

明确自身优势，实现生计重组，打破原有生计依赖，提升生计恢复力。恩施州地处武陵山区腹地，工、农业生产条件落后，外出务工成为乡村主要的生计方式，致使州域农户发展形成了较强的路径依赖，并由此带来劳动力外流、家庭功能缺失、乡村空心化等经济、社会问题。乡村旅游、特色农业生产（茶/烟/白柚）等为农户生计提供了多样化选择，农户通过明确自身优势，拓展新的生计方式，与时俱进优化生计资本结构、削弱劳动力外移对生计发展的主导支撑作用，在实现生计重组的同时，降低脆弱的自然生态环境对农户生计的限制，提高自身生计恢复力。

加强服务技能培训，拓展发展思路，提高生计自组织能力与学习能力。完善农户旅游服务技能培训与生产技能培训系统，开展农家乐经营、农业生产技能的周期化培训，促进农户人力资本结构的知识化转型，增强升级学习能力。相关研究表明，旅游经营农户与景区、旅行社及其他经营户之间的联系不断加强，乡村旅游服务业集群发展具有一定的优势（姜辽，2013）。因此，解放封闭式发展思维，拓展社会网络，增强不同组织、群体之间的联系，加固团体之间以及其他参与者和组织之间的交往网络，提高生计自组织能力。

附录1　旅游地农户生计调查问卷

问卷编号：_____　　调研员姓名：_____

调研地点：_____　　调研时间：_____

调研农户住所所在地坐标：

北纬____°____′____″　　东经____°____′____″

一、关于您的基本情况

家庭人口基本情况		家庭收入来源占比（％）	
家庭人口总数（人）		粮食作物	
女性数量（人）		经济作物	
劳动力数量（16—60岁）		畜牧养殖	
高中学历人数（人）		外出务工	
大学及以上学历人数		农家乐	
残疾人数（人）		景区管理	
重病人数（人）		导游	
是否参与旅游相关工作		商铺	
参与旅游的人数（人）		企事业单位	
开始参与年份		其他	
被访者性别		年收入（万元）	
被访者年龄			
被访者民族			

　　注：是否参与旅游相关工作，是＝1，否＝0，如为否，则"参与旅游人数"及"开始参与年份"不填；家庭的年收入来源情况经济作物包含林果业。

二、关于您家中物品的情况

自然资本状况		生活用具状况	
土地总面积（亩）		汽车	
类型及面积（亩） 粮食		电动/摩托车	
类型及面积（亩） 茶园		农用机械	
类型及面积（亩） 林地		电视机	
类型及面积（亩） 其他		冰箱	
牲畜（类型及数量）		空调	
退耕还林（亩）		太阳能（热水器）	
被征用土地（亩）		电脑	
近年来遭受的自然灾害类型主要是什么？		洗衣机	
近年来遭受的自然灾害类型主要是什么？		自来水管道	
损害农田面积（亩）		冲水马桶	
日前居住房屋建设年份		老房子建设年份	
居住房屋面积大小（平方米）		老房子面积大小（平方米）	
房屋材料（类型）		老房材料（类型）	
旅游经营是否装修房子	是/否；花费____万元	房屋出租或租赁	出租/租赁；面积/费用

注：房屋材料（类型）填写时混凝土=1，砖瓦=2，木材=3，石材=4，泥巴=5，其他=6，并用括号注明材料类型。

三、关于您家庭的社会关系及参与培训的情况

社会养老保险缴纳人数		家中是否有人是干部	
医疗保险缴纳人数		是否有亲戚是干部	
参与合作社（团体）数		缺乏资金时求助途径	
合作社名称		从政府领取补助类型	
合作社一年组织活动次数		农、旅培训/考察次数	
对邻里的信任程度		农、旅培训/考察内容	

注："对邻里的信任程度"，完全不信任=1，不信任=2，不知道=3，信任=4，非常信任=5；
"家中是否有人/亲戚是干部"，是=1，否=0，村级干部=1A，乡镇级=1B，县级=1C，地市级及以上=1D；
"缺乏资金时求助途径"，银行或信用社=1，亲戚、朋友=2，邻居=3，政府或社会援助=4，其他=5；
"政府补助类型"，无=1，贫困户补助=2，低保户补=3，特困户补助=4，五保户补助=5，退耕还林补助=6，其他=7。

四、关于您家庭的自组织与学习能力情况

得到了社团成员的劳动力/技术支持	非常认同	认同	不知道	不认同	非常不认同
得到了社团成员的设备帮助	非常认同	认同	不知道	不认同	非常不认同
因社团提高了农产品/经济作物产量	非常认同	认同	不知道	不认同	非常不认同
由于参加合作社而增加了家庭收入	非常认同	认同	不知道	不认同	非常不认同
外在危机预判能力	非常认同	认同	不知道	不认同	非常不认同
外在机遇预判能力	非常认同	认同	不知道	不认同	非常不认同
我常参加村里的管理活动	非常认同	认同	不知道	不认同	非常不认同
旅游政策制定征求了居民的意见	非常认同	认同	不知道	不认同	非常不认同
对村里发展旅游业的支持力度	非常支持	支持	不知道	反对	非常反对

附录 2　旅游社区访谈提纲

一、社区经济发展基本情况

村域面积（平方千米）	少数民族占比（%）
村域自然小组个数	人均年收入（元）
总户数（户）	主要收入来源（当前）
总人口	主要收入来源（2000 年）
劳动总人口/外出务工人数（人）	茶园/烟叶/林木面积与产量（亩/千克）

二、社区社会保障基本情况

村道路情况（材质及修建时间）	学生教师人数比例（%）
村公交车通达情况（有/无；每天趟数）	村卫所设立时间、医生数、床位数
全村拥有私家车数量（辆）	距离本村最近的三甲医院距离
用电：供电率（%）、何时实现供电	新型农村合作医疗参合率（%）
饮用水情况（自来水/山泉；何时接通）	新型农村社会养老保险率（%）
村校舍面积（平方米）	文化场馆数（个）、何时设立

三、社区人口素质基本情况

适龄儿童入学率（%）	高中及以上学历人口数（人）
高中阶段教育毛入学率（%）	高中及以上学历劳动人口数（人）
九年义务教育率（%）	接受过专业培训的劳动人口数（人）

四、社区自然环境基本情况

森林覆盖率（%）	清洁能源使用率（%）
年空气质量优良天数比率（%）	厕所改造率（%）
全村海报高度（平均/最高/最低）	退耕还林（草）面积
是否有垃圾处理站/垃圾倾倒点及设置时间	主要自然灾害类型、频率及受灾面积
应对自然灾害的措施：如是否有预警机制？是否有自愿救灾团队？人员转移？	

五、社区旅游业发展情况

参与旅游业时间及主要形式	旅游业是否有效减少了外出务工人数
全村农家乐数量	农家乐年均培训次数
年游客接待量数量（万人）	外商投资情况（企业名称、金额等）
全村旅游从业人员（人）（专职/兼职）	旅游业发展的扶持政策

六、社区旅游扶贫及村组织情况

建档立卡贫困户数量	一对一帮扶情况
脱贫摘帽情况	合作社/社团情况
请具体描述本地区自开展旅游扶贫以来的具体相关措施	
村领导班子人数/性别/民族/党员等	村领导班子教育年限

参 考 文 献

国外参考文献:

[1] A. M. Aslam Saja, Melissa Teo, Ashantha Goonetilleke, et al.. An inclusive and adaptive framework for measuring social resilience to disasters [J]. International Journal of Disaster Risk Reduction, 2018, 28: 862 – 873.

[2] Adam R. Defining and measuring economic resilience to earthquake [M]. Buffalo: MCEER Publication, 2004: 41 – 54.

[3] Adger W N, Hughes T P, Folke C, et al.. Socila ecological resilience to coastal disasters [J]. Science, 2005, 309: 1036 – 1039.

[4] Adger W Neil. Social and ecological resilience: are they related? [J]. Progress in Human Geography, 2005, 24 (3): 347 – 364.

[5] Adiyia B, Vanneste D. Local tourism value chain linkages as pro – poor tools for regional development in western Uganda [J]. Development Southern Africa, 2018, 35 (2): 210 – 224.

[6] Ahmad Fitri Amir, Ammar Abd Ghapar, Salamiah A. Jamal, et al.. Sustainable tourism development: a study on community resilience for rural tourism in Malaysia [J]. Procedia – Social and Behavioral Sciences, 2015, 168: 116 – 122.

[7] Alejandro J, Anna P, Irene L, et al.. Reformulating the social – ecological system in a cultural rural mountain landscape in the Picos de Europa region [J]. Landscape and Urban Planning, 2008, 88 (1): 23 – 33.

[8] Allison H E, Hobbs R J. Resilience, adaptive capacity and the "lock – in Trap" of the Western Australian agricultural region [J]. Ecology and Society, 2004, 9 (1): 1 – 3.

[9] Amy Quandt. Measuring livelihood resilience: the household livelihood

resilience approach (HLRA) [J]. World Development, 2018, 107: 253 - 263.

[10] Anyu Liu, Stephen Pratt. Tourism's vulnerability and resilience to terrorism [J]. Tourism Management, 2017, 60: 404 - 417.

[11] Arrowsmith C, Inbakaran R. Estimating environmental resiliency for the Grampians National Park, Victoria, Australia: a quantitavie approach [J]. Tourism Management, 2002, 23 (3): 295 - 309.

[12] Ayeb - Karlsson Sonja, van der Geest Kees, Ahmed Istiakh, Huq Saleemul, Warner Koko. A people - centred perspective on climate change, environmental stress and livelihood resilience in Bangladesh. [J]. Sustainability science, 2016, 11 (4).

[13] Balint P J. Improving community - based conservation near protected areas: the importance of development variables [J]. Environmental Managemetn, 2006, 38 (1): 137 - 148.

[14] Barney J B. Firm resource and sustained competitive advantage [J]. Economics Meets Sociology in Strategic Management, 1991, 17 (1): 203 - 227.

[15] Bengtsson J. Disturbance and resilience in soil animal communities [J]. Soil Biology, 2002, 38: 119 - 125.

[16] Bennett E M, Cumming G S, Peterson G D. A systems model approach to determining resilience surrogates for case studies [J]. Ecosystems, 2005, 8: 945 - 957.

[17] Berkes F, Seixas C. Building resilience in Lagoon socio - ecological systems: a local - level perspective [J]. Ecosystems, 2005 (8): 967 - 974.

[18] Borie, Mark Pelling, Gina Ziervogel, et al. . Mapping narratives of urban resilience in the global south [J]. Global Environmental Change, 2019, 54: 203 - 213.

[19] Carpenter S R, Frances W, Turner M G. Surrogates for resilience of social ecological systems [J]. Ecosystems, 2005, 8: 941 - 944.

[20] Cong - shan Tian, Yi - ping Fang, Liang Emlyn Yang, et al. . Spatial - temporal analysis of cpmmunity resilience to multi - harzards in the Anning River basin, Southwest China [J]. International Journal of Disater Risk Reduction, 2019, 4: 1 - 9.

[21] Duan Biggs, Christina C. Hicks, Joshua E. Cinner, et al.. Marine tourism in the face of global change: the resilience of enterprises to crises in Thailand and Australia [J]. Ocean & Coastal Management, 2015, 105: 65 – 74.

[22] Ellis, F. Rural livelihoods and diversity in developing countries [M]. New York: Oxford University Press. 2000: 3 – 27.

[23] Emma C, Janet C. Comparative destination vulnerability assessment for Thailand and Srilanka [R]. Stockholm Environment Institute, 2009.

[24] Esteban Ruiz – Ballesteros. Social – ecological resilience and community – based tourism: an approach from Agua Blanca, Ecuador [J]. Tourism Management, 2011, 32 (3): 655 – 666.

[25] Fara K. How natural are natural disasters? Vulnerability to drought of communal farmers in Southern Namibia Risk Management. 2001, 3 (3): 47 – 63.

[26] Folke C, Carpenter S R, Elmqvist T, et al.. Resilience and sustainable development: building adaptive capacity in a world of transformations [J]. Ambio, 2002, 31 (5): 437 – 440.

[27] Forster J, Lake I R, Watkinson A R, et al.. Marine dependent livelihoods and resilience to environmental change: a case study of Anguilla [J]. Marine Policy, 2014, 45 (3): 204 – 212.

[28] Gilberto C. Gallopín. Human dimensions of golbal change: linking the global and the local processes. [J]. International Social Science Journal, 1991, 130: 707 – 718.

[29] Gilberto C. Gallopín. Linkages between vulnerability, resilience and adaptive capacity [J]. Global Environmental Change, 2006, 6 (3): 293 – 303.

[30] Glaser M, Krause G, Beate R, et al.. Human/nature interaction in the anthropocene potential of social – ecological systems analysis. GAIA – Ecological Perspectives for Science and Society, 2008, 17 (1): 77 – 80.

[31] Gunderson L H, Holling C S. Panarchy: understanding transformations in human and natural systems [M]. Washington D. C: Island Press, 2002.

[32] Haiming Yan, Jinyan Zhan, Tao Zhang. Resilience of forest ecosystems and its influencing factors [J]. Procedia Environmental Sciences, 2011, 10: 2201 – 2206.

山区旅游地社会—生态系统恢复力研究

[33] Harris C C, McLaughlin W J, Brown G. Rural communities in the Interior Columbia Basin: How resilience are they [J]. Journal of Forestry, 1998, 96 (3): 11 – 15.

[34] Holladay P J, Powell R B. Resident perceptions of socialecological resilience and the sustainability of community – based tourism development in the Commonwealth of Dominica [J]. Journal of Sustainable Tourism, 2013, 21 (8): 1188 – 1211.

[35] Holladay P. Anintegrated approach to assessing the resilience and sustainability of community based tourism development in the Commonwealth of Dominica [D]. Clemson University, 2011.

[36] Janssen, M. A, Schoon, M. L, Ke, W. Scholary networks on resilience, vulnerability and adaptation within the human dimensions of global environmental change [J]. Glob. Environ. Change, 2006, 16 (3): 204 – 252.

[37] Jose A. Sanabria – Fernandez, Natali Lazzari, Mikel A. Becerro. Quantifying patterns of resilience: what matters is the intensity, not the relevance, of contributing factors [J]. Ecological Indicators, 2019, 107.

[38] Ke Zhang, Xuhui Dong, Xiangdong Yang, et al. . Ecological shift and resilience in China's lake systems during the last two centuries [J]. Global and Planetary Change, 2018, 165: 147 – 159.

[39] Keim Mark E. Building human resilience: the role of public health preparedness and response as an adaptation to climate change. American Journal of Preventive Medicine, 2008, 35 (5): 508 – 16.

[40] Klein R J T, Smith M J, Goosen H, et al. . Resilience and vulnerability: coastal dynamics or Dutch dikes [J]. The Geographical Ecology, 2003, 8 (1): 3 – 15.

[41] Lepp A. Attitudes towards initial tourism development in a community with no prior tourism experience: the case of Bigodi, Uganda [J]. Jouranl of Sustainable Tourism, 2008, 16 (1): 5 – 22.

[42] Leslie H M, Basurto X, Nenadovic M, et al. . Operationalizing the social – ecological systems framework to assess sustainability. Proceedings of the National Academy of Sciences, 2015, 112 (19): 5979 – 5984.

［43］ Lin B B, Petersen B. Resilience, regime shifts and guided transition under climate change: examining the practical difficulties of managing continually changing systems. Ecology and Society, 2013, 18 (1): 28.

［44］ Liu J G, Dietz T, Carpenter S R, et al.. Complexity of coupled human and natural systems. Science, 2007, 317 (5844): 1513 – 1516.

［45］ Liu J, Dietz T, Carpenter S R, et al.. Coupled human and natural systems. Ambio, 2007, 36 (8): 639 – 649.

［46］ Mahfuzuar Rahman Barbhuiya, Devlina Chatterjee. Vulnerability and resilience of the tourism sector in India: effects of natural disasters and internal conflict ［J］. Tourism Management Perspectives, 2020, 33.

［47］ Mais K. Community resilience measurement protocol: key terms and protocol framework ［R］. Silverton, OR: Leadership Institute, 2008.

［48］ Marschke M J, Berkes F. Exploring strategies that build livelihood resilience: a Case from Cambodia ［J］. Ecology & Society, 2006, 11 (1): 709 – 723.

［49］ Mette F. Olwig. Multi – sited resilience: The mutual construction of "local" and "global" under – standings and practices of adaptation and innovation ［J］. Applied Geography, 2012, 33: 112 – 118.

［50］ Nelson D R, Adger N W, Brown K. Adaptation to environmental change: contributions of a resilience framework ［J］. Annual Review of Environment and Resources, 2007, 32: 395 – 419.

［51］ Paton D, Fohnston D. Disasters and communities: vulnerability, resilience and preparedness. Disaster Prevention and Management, 2001; 10 (4): 270 – 277.

［52］ Paton D, Johnston D, Smith L, Millar M. Responding to hazard effects: promoting resilience and adjustment adoption. Australian Journal of Emergency Management, 2001: 47 – 52.

［53］ Paton D, Millar M, Johnston D. Community resilience to volcanic consequences. Natural Hazards, 2001, 24: 157 – 169.

［54］ Peter J. S. Jones. A governance analysis of Ningaloo and Shark Bay Marine Parks, Western Australia: putting the 'eco' in tourism to build resilience but threatened in long – term by climate change? [J]. Marine Policy, 2019.

[55] Petrosillo I, Zurlini G, Grato E, er al. . Indicating fragility of social – ecological tourism – based systems [J]. Ecological Indicators, 2006, 6 (1): 104 – 113.

[56] Pillay M, Rogerson C M. Agriculture – tourism linkages and pro – poor impacts: the accommodation sector of urban coastal KwaZulu – Natal, South Africa [J]. Applied Geography, 2013, 36: 49 – 58.

[57] Pimm, S. L. The complexity and stability of ecosystems [J]. Nature. 1984, 307 (26): 321 – 326.

[58] Plummer R, Fennell D A. Managing protected areas for sustainable tourism: prospects for adaptive comanagement [J]. Journal of Sustainable Tourism, 2009, 17 (2): 149 – 168.

[59] R. Jacinto, E. Reis, J. Ferrão. Indicators for the assessment of social resilience in flood – affected communities: a text mining – based methodology. [J] Science of The Total Environment, 2020 (744): 1 – 17.

[60] Rasmus Klocker Larsen, Emma Calgaro, Frank Thomalla. Governing resilience building in Thailand's tourism – dependent coastal communities: conceptualising stakeholder agency in social – ecological systems [J]. Global Environmental Change, 2011, 21: 481 – 491.

[61] Regis Musavengane. Using the systemic – resilience thinking approach to enhance participatory collaborative management of natural resources in tribal communities: toward inclusive land reform – led outdoor tourism [J]. Journal of Outdoor Recreation and Tourism, 2019, 25: 45 – 56.

[62] Resilience Alliance. 2010. Assessing resilience in social – ecological systems: workbook for practitioners. Version 2. 0.

[63] Resilience Alliance. Assessing and managing resilience in social – ecological systems: a practitioners workbook [EB/OL] www. resalliance. org/ 3871. php, 2007 – 07 – 03.

[64] Roberto Cellini, Tiziana Cuccia. The economic resilience of tourism industry in Italy: what the 'great recession' data show [J]. Tourism Management Perspectives, 2015, 16: 346 – 356.

[65] Rogerson C M. Pro – Poor local economic development in South Africa: the role of pro – poor tourism [J]. Local Environment, 2006, 11 (1): 37 – 60.

[66] Ruiz D, Petrosillo I, Cataldi M, et al.. Modelling socio – ecoligical tourism – based systems for sustainability [J]. Ecological Modelling, 2007, 206 (1): 191 – 204.

[67] Ruiz – Ballesteros E. Social – ecological resilience and community – based tourism: an approach from Agua Blanca, Ecuador [J]. Tourism Management, 2011, 32 (3): 655 – 666.

[68] Sabarethinam Kameshwar, Daniel T. Cox, Andre R. Barbosa, et al.. Probabilistic decision – support framework for community resilience: Incorporating multi – hazards, infrastructure interdependencies and resilience goals in a Bayesian network [J]. Reliability Engineering & System Safety, 2019, 191: 65 – 68.

[69] Sarina Macfadyen, Jason M. Tylianakis, Deborah K. Letourneau, et al.. The role of food retailers in improving resilience in global food supply [J]. Global Food Security, 2015, 7: 1 – 8.

[70] Scheffer M, Carpenter S R, Folke J, et al.. Catastrophic shifts in ecosystems [J]. Nature, 2001, 413: 591 – 696.

[71] Sebastian Rasch, Thomas Heckelei, Hugo Storm, er al.. Multi – scale resilience of a communal rangeland system in South Africa [J]. Ecological Economics, 2017, 131: 129 – 138.

[72] Sen A K. Poverty and famines: an essay on entitlement and deprivation [M]. Oxford: Clarendon Press, 1981: 257.

[73] Sibyl Hanna Brunner, Adrienne Grêt – Regamey. Policy strategies to foster the resilience of mountain social – ecological systems under uncertain global change [J]. Environmental Science & Policy, 2019, 66: 129 – 139.

[74] Siyuan Xian, Jie Yin, Ning Lin, et al.. Influence of risk factors and past events on flood resilience in coastal megacities: comparative analysis of NYC and Shanghai [J]. Science of The Total Environment, 2018, 601: 1251 – 1261.

[75] Skye Dobson. Community – driven pathways for implementation of global urban resilience goals in Africa [J]. International Journal of Disaster Risk Reduc-

tion, 2017 (26): 78 –84.

［76］ Stephen Whitfield, Emilie Beauchamp, Doreen S. Boyd, et al. . Exploring temporality in socio – ecological resilience through experiences of the 2015 – 16 El Niño across the Tropics ［J］. Global Environmental Change, 2019, 55: 1 –14.

［77］ Strickland – Munro J K, Allison H E, Moore S A. Using resilience concepts to investigate the impacts of protected area tourism on communities ［J］. Annals of Tourism Research, 2010, 37 (2): 499 –519.

［78］ Susanne Becken. Developing a framework for assessing resilience of tourism sub – system to climate factors ［J］. Annals of Tourism Research, 2013, 43: 506 –528.

［79］ Tanner, T., Lewis, D., Wrathall, D., Bronen, R., Cradock – Henry, N., Huq, S., et al. . Livelihood resilience in the face of climate change. Nature Climate Change, 2015, 1: 23 –26.

［80］ Tarik Dogru, Elizabeth A. Marchio, Umit Bulut, et al. . Climate change: Vulnerability and resilience of tourism and the entire economy ［J］. Tourism Management, 2019, 72: 292 –305.

［81］ Tompkins E L, Adger N W. Does adaptive management of natural resources enhance resilience to climate change? ［J］. Ecology and Society, 2004, 9 (2): 10.

［82］ Torres Sovero C, Gonzalez J A, Martin Lopez B, et al. . Social – ecological factors influencing tourist satisfaction in three ecotourism lodges in the southeastern Peruvian Amazong ［J］. Tourism Management, 2012, 33 (3): 454 –552.

［83］ Trosper R L, Northwest coast indigenous institutions that supported resilience and sustainability ［J］. Ecological Economics, 2002, 41: 329 –344.

［84］ Vitousek P M, Mooney H A, Lubchenco J, et al. . Human domination of earth's ecosystems. Science, 1997, 2277 (5325): 494 –499.

［85］ Volodymyr V. Mihunov, Nina S. N. Lam, Robert V. Rohli, et al. . Emerging disparities in community resilience to drought hazard in south – central United States ［J］. International Journal of Disaster Risk Reduction, 2019, 41.

［86］ Walker B, Holling C S, Carpenter S R, et al. . Resilience, adaptability and transformability in social ecological systems [J]. Ecology and Society, 2004, 9 (2): 5 – 12.

[87] Walker B, Salt D. Resiliece thinking: Sustaining ecosystems and people in a changing wordl [M]. Lodon: Island Press, 2006.

[88] Yi – ping Fang, Fu – biao Zhu, Xiao – ping Qiu, Shuang Zhao. Effects of natural disasters on livelihood resilience of rural residents in Sichuan [J]. Habitat International, 2018, 76.

[89] Young O R. Institutional dynamics: resilience, vulnerability and adptation in environmental and resource regimes [J]. Global Enbironmental Change, 2010, 20 (3): 378 – 385.

[90] Yu L, Wang G, Marcouiller D W. A scientometric review of pro – poor tourism research: visualization and analysis [J]. Tourism Management Perspectives, 2019, 30: 75 – 88.

[91] Zhan Wang, Xiangzheng Deng, Cecilia Wong, et al.. Learning urban resilience from a social – economic – ecological system perspective: a case study of Beijing from 1978 to 2015 [J]. Journal of Cleaner Production, 2018, 183: 343 – 357.

[92] Zhao Keqin. Set pair analysis and preliminary application [M]. Hangzhou: Zhejiang Science& Technology Press, 2000.

[93] Zurlini G, Riitters K, Zaccarelli N, Petrosillo. Patterns of disturbance at multiple scales in real and simulated landscapes [J]. Landscape Ecology, 2007, 22: 705 – 721.

[94] Zurlini G, Riitters K, ZaccarelliN, Petrosillo, Jones K B, Rossi L. Disturbance patterns in a socio – ecological system at multiple scales [J]. Ecological Complexity, 2006 a, 3: 119 – 128.

国内参考文献:

[95] 艾南山, 李后强, 徐建华. 从人文作用的定量模型到人地协同论 [J]. 四川师范大学学报 (自然科学版), 1996 (01): 31 – 37.

[96] 卜诗洁, 马金海, 卓玛措, 等. 生计恢复力研究进展与启示 [J]. 地理与地理信息科学, 2021, 37 (01): 74 – 79.

[97] 曹骞, 袁运生. 恩施州打造鄂西圈增长极的可行性研究 [J]. 安

徽农业科学，2009，37（20）：9793－9795.

［98］曹淑艳，谢高地，陈文辉，等．中国主要农产品生产的生态足迹研究［J］．自然资源学报，2014，29（08）：1336－1344.

［99］陈红光，李晓宁，李晨洋．基于变异系数熵权法的水资源系统恢复力评价——以黑龙江省2007—2016年水资源情况为例［J］．生态经济，2021，37（01）：179－184.

［100］陈佳，杨新军，王子侨，等．乡村旅游社会—生态系统脆弱性及影响机理——基于秦岭景区农户调查数据的分析［J］．旅游学刊，2015，30（03）：64－75.

［101］陈佳，杨新军，温馨，等．旅游发展背景下乡村适应性演化理论框架与实证［J］．自然资源学报，2020，35（07）：1586－1601.

［102］陈佳，杨新军，尹莎，等．基于VSD框架的半干旱地区社会—生态系统脆弱性演化与模拟［J］．地理学报，2016，71（07）：1172－1188.

［103］陈佳，杨新军，尹莎．农户贫困恢复力测度、影响效应及对策研究——基于农户家庭结构的视角［J］．中国人口·资源与环境，2016，26（01）：150－157.

［104］陈利顶，杨爽，冯晓明．土地利用变化的地形梯度特征与空间扩展——以北京市海淀区和延庆县为例［J］．地理研究，2008（06）：1225－1234，1481.

［105］陈小龙，谭立勤，王伟，等．恩施州地质旅游资源开发现状及对策［J］．资源环境与工程，2019，33（04）：607－613.

［106］陈亚慧．神农架林区社会—生态系统恢复力测度与影响机理［D］．武汉：华中师范大学，2018.

［107］陈娅玲．陕西秦岭地区旅游社会—生态系统脆弱性评价及适应性管理对策研究［D］．西安：西北大学，2013.

［108］陈娅玲，杨新军：旅游社会—生态系统及其恢复力研究［J］．干旱区资源与环境，2011，25（11）：205－211.

［109］陈娅玲，杨新军：西藏旅游社会—生态系统恢复力研究［J］．西北大学学报（自然科学版），2012，42（05）：827－832.

［110］程思豪．湖北国家级传统村落空间分布及其旅游发展模式研究［D］．武汉：华中师范大学，2019.

[111] 崔晓明. 基于可持续生计框架的秦巴山区旅游与社区协同发展研究 [D]. 西安: 西北大学, 2018.

[112] 崔严, 张红, 郝晓敬, 等. 山西省阳泉矿区农户可持续生计研究 [J]. 生态学报, 2020, 40 (19): 6821-6830.

[113] 邓辉. 转变发展方式背景下特色民族村寨发展模式的调整与转型——以湖北省恩施市枫香坡侗族村寨为例 [J]. 中南民族大学学报 (人文社会科学版), 2012, 32 (05): 48-52.

[114] 邓黎慧. 恩施州生态旅游可持续发展研究 [D]. 武汉: 华中师范大学, 2018.

[115] 邓伟, 熊永兰, 赵纪东, 等. 国际山地研究计划的启示 [J]. 山地学报, 2013, 31 (03): 377-384.

[116] 邓雪, 李家铭, 曾浩健, 等. 层次分析法权重计算方法分析及其应用研究 [J]. 数学的实践与认识, 2012, 42 (07): 93-100.

[117] 丁蕾, 吴小根, 丁洁. 城市旅游竞争力评价指标体系的构建及应用 [J]. 经济地理, 2006 (03): 511-515.

[118] 窦玥, 戴尔阜, 吴绍洪. 区域土地利用变化对生态系统脆弱性影响评估——以广州市花都区为例 [J]. 地理研究, 2012, 31 (02): 311-322.

[119] 杜腾飞, 齐伟, 朱西存, 等. 基于生态安全格局的山地丘陵区自然资源空间精准识别与管制方法 [J]. 自然资源学报, 2020, 35 (05): 1190-1200.

[120] 傅伯杰, 张立伟. 土地利用变化与生态系统服务: 概念、方法与进展 [J]. 地理科学进展, 2014, 33 (04): 441-446.

[121] 符淙斌, 董文杰, 温刚, 等. 全球变化的区域响应和适应 [J]. 气象学报, 2003 (02): 245-250.

[122] 高江波, 赵志强, 李双成. 基于地理信息系统的青藏铁路穿越区生态系统恢复力评价 [J]. 应用生态学报, 2008 (11): 2473-2479.

[123] 高军波, 喻超, 戈大专, 等. 不同地理环境下农户致贫机理的多尺度比较——以河南省为例 [J]. 资源科学, 2019, 41 (09): 1690-1702.

[124] 高梦琪, 陶慧, 李晓甫. 民族地区农村反贫困策略研究——以恩施土家族苗族自治州为例 [J]. 农村经济与科技, 2019, 30 (03): 140-142.

［125］高艳，赵振斌．民族旅游社区空间的竞争性——基于地方意义的视角［J］．资源科学，2016，38（07）：1287－1296.

［126］葛怡，史培军，周忻，等．水灾恢复力评估研究：以湖南省长沙市为例［J］．北京师范大学学报（自然科学版），2011，47（02）：197－201.

［127］耿松涛，杨晶晶，严荣．自贸区（港）建设背景下海南会展业发展评价及政策选择［J］．经济地理，2020，40（11）：140－148.

［128］龚志起，张智慧．建筑材料物化环境状况的定量评价［J］．清华大学学报：自然科学版，2004，44（9）：1209－1213.

［129］郭华，杨玉香．可持续乡村旅游生计研究综述［J］．旅游学刊，2020，35（09）：134－148.

［130］郭凌，王志章．制度嵌入性与民族旅游社区参与——基于对泸沽湖民族旅游社区的案例研究［J］．旅游科学，2014，28（02）：12－22，48.

［131］郭永锐，张捷，张玉玲．旅游目的地社区恢复力的影响因素及其作用机制［J］．地理研究，2018，37（01）：133－144.

［132］郭玉．恩施州旅游业可持续发展策略管见——基于恩施大峡谷的考察［J］．绿色科技，2019（15）：271－273.

［133］韩磊，乔花芳，谢双玉，等．恩施州旅游扶贫村居民的旅游影响感知差异［J］．资源科学，2019，41（02）：381－393.

［134］韩笑．国内外乡村旅游开发模式对比研究［J］．改革与战略，2011，27（09）：184－186.

［135］贺晶娴，周莉．两岸民族音乐文化传承与保护模式比较研究——以恩施土家族和台湾阿美族为例［J］．黄河之声，2020（01）：7－9.

［136］何艳冰，陈佳，黄晓军．西安城市边缘区失地农民社区恢复力测度与影响因素［J］．中国人口·资源与环境，2019，29（03）：126－136.

［137］何艳冰，黄晓军，翟令鑫，等．西安快速城市化边缘区社会脆弱性评价与影响因素［J］．地理学报，2016，71（08）：1315－1328.

［138］何艳冰，张娟，乔旭宁，等．精准扶贫背景下贫困山区农户生计恢复力研究——以河南秦巴山片区为例［J］．干旱区资源与环境，2020，34（09）：53－59.

［139］洪媛．山地景区暴雨灾害脆弱性评价研究［D］．西安：陕西师范

大学，2017.

[140] 侯彩霞，周立华，文岩，等. 生态政策下草原社会—生态系统恢复力评价——以宁夏盐池县为例 [J]. 中国人口·资源与环境，2018，28 (08)：117-126.

[141] 胡露月. 乡村旅游发展下农户生计资本对生计策略影响研究 [D]. 石河子：石河子大学，2020.

[142] 胡晓飞. 试析转型时期中国农村人际关系的变迁 [J]. 经济与社会发展，2003 (07)：113-115.

[143] 黄建毅. 多空间尺度自然灾害社会脆弱性评估研究——以京津冀地区为例 [D]. 北京：中国科学院地理科学与资源研究所，2013.

[144] 黄鑫. 鄂西旅游演艺产品创新开发探究 [J]. 商场现代化，2016 (16)：129-131.

[145] 黄晓军，王博，刘萌萌，等. 中国城市高温特征及社会脆弱性评价 [J]. 地理研究，2020，39 (07)：1534-1547.

[146] 黄晓军，王晨，胡凯丽. 快速空间扩张下西安市边缘区社会脆弱性多尺度评估 [J]. 地理学报，2018，73 (06)：1002-1017.

[147] 黄震方，陆林，苏勤，等. 新型城镇化背景下的乡村旅游发展——理论反思与困境突破 [J]. 地理研究，2015，34 (08)：1409-1421.

[148] 黄祖辉，米松华. 农业碳足迹研究——以浙江省为例 [J]. 农业经济问题，2011 (11)：40-48.

[149] 贾君钰. 转变经济发展方式背景下民族村寨旅游转型升级研究 [D]. 武汉：中南民族大学，2013.

[150] 贾垚焱，胡静，谢双玉，等. 贫困山区旅游地社会—生态系统脆弱性及影响机理 [J]. 人文地理，2021，36 (01)：155-164.

[151] 贾芸. 茶文化与民俗文化相结合的旅游开发对策研究 [J]. 福建茶叶，2016，38 (05)：165-166.

[152] 姜辽. 浙江农户合作网与农村服务业集群模式研究——磐安农家乐实证 [J]. 旅游研究，2013，5 (02)：29-33.

[153] 解星. 资源枯竭型城市社会生态系统韧性评价及提升策略 [D]. 武汉：华中科技大学，2019.

[154] 孔宁宁. 乡村振兴背景下乡村旅游产业发展对策——以恩施土家

族苗族自治州为例［J］．乡村科技，2019（36）：14，16．

［155］孔伟，任亮，刘璐，等．京津冀生态涵养区旅游地社会—经济—生态系统脆弱性特征及其影响因素［J］．水土保持通报，2020，40（04）：211－218．

［156］李波，张俊飚，李海鹏．中国农业碳排放时空特征及影响因素分解［J］．中国人口·资源与环境，2011，21（08）：80－86．

［157］李伯华，陈佳，刘沛林，等．欠发达地区农户贫困脆弱性评价及其治理策略——以湘西自治州少数民族贫困地区为例［J］．中国农学通报，2013，29（23）：44－50．

［158］李聪，王磊，康博纬，等．易地移民搬迁农户的生计恢复力测度及影响因素分析［J］．西安交通大学学报（社会科学版），2019，39（04）：38－47．

［159］李花，赵雪雁，王伟军，等．甘南高原乡村社会固有脆弱性及其影响因素［J］．地理科学，2020，40（05）：804－813．

［160］李佳晓．中国分区域牧草供需测算及决路径研究［D］．北京：中国农业科学院，2012．

［161］李俊轶．恩施州旅游产业可持续发展路径研究［D］．恩施：湖北民族大学，2019．

［162］李能斌．海岛旅游地社会—生态系统恢复力研究［D］．泉州：华侨大学，2017．

［163］李瑞，邰玉兰，王晨，等．旅游地社会—生态系统恢复力测度及优化对策——以贵阳市花溪区为例［J］．贵州师范大学学报（自然科学版），2018，36（05）：103－108．

［164］李实，朱梦冰．中国经济转型40年中居民收入差距的变动［J］．管理世界，2018，34（12）：19－28．

［165］李晓甫，高梦琪．民族地区旅游扶贫长效机制优化研究——以恩施女儿城为例［J］．农村经济与科技，2019，30（01）：95－96，155．

［166］李小云，董强，饶小龙，等．农户脆弱性分析方法及其本土化应用［J］．中国农村经济，2007（04）：32－39．

［167］李小月．恩施市体育旅游资源开发研究［D］．北京：北京体育大学，2019．

［168］李秀芬，刘利民，齐鑫，等．晋西北生态脆弱区土地利用动态变化及驱动力［J］．应用生态学报，2014，25（10）：2959－2967．

［169］李秀文．文旅融合背景下恩施土家女儿城旅游品牌传播研究［D］．恩施：湖北民族大学，2020．

［170］李杨，张亮．智能城市系统恢复力评价体系及区域差异研究［J］．科技创新导报，2011（11）：33－35．

［171］黎宇梦．在地性视野下山地城市滨河景观设计研究［D］．重庆：重庆大学，2019．

［172］梁增贤，解利剑．传统旅游城市经济系统脆弱性研究——以桂林市为例［J］．旅游学刊，2011，26（05）：40－46．

［173］刘东，徐磊，朱伟峰．基于最优组合赋权和改进TOPSIS模型的区域农业水资源恢复力评价［J］．东北农业大学学报，2019，50（06）：86－96．

［174］刘芬．湖北省乡村旅游多元化生态补偿机制构建［J］．中国农业资源与区划，2018，39（06）：223－228．

［175］刘峰．旅游系统规划——一种旅游规划新思路［J］．地理学与国土研究，1999，15（1）：56－57．

［176］刘俊，张恒锦，金朦朦，等．旅游地农户生计资本评估与生计策略选择——以海螺沟景区为例［J］．自然资源学报，2019，34（08）：1735－1747．

［177］刘丽君，郭宏杰．我国乡村旅游开发模式研究［J］．安徽农业科学，2008（16）：6907－6908．

［178］刘敏，郝炜．山西省国家A级旅游景区空间分布影响因素研究［J］．地理学报，2020，75（04）：878－888．

［179］刘伟，黎洁，徐洁．连片特困地区易地扶贫移民生计恢复力评估［J］．干旱区地理，2019，42（03）：673－680．

［180］刘彦随．现代人地关系与人地系统科学［J］．地理科学，2020，40（08）：1221－1234．

［181］刘彦随，曹智．精准扶贫供给侧结构及其改革策略．中国科学院院刊，2017，32（10）：1066－1073．

［182］鲁春阳，文枫，杨庆媛，等．基于改进TOPSIS法的城市土地利

用绩效评价及障碍因子诊断——以重庆市为例［J］．资源科学，2011，33（03）：535－541.

［183］鲁大铭，石育中，李文龙，等．西北地区县域脆弱性时空格局演变［J］．地理科学进展，2017，36（04）：404－415.

［184］陆林．山岳型旅游地生命周期研究——安徽黄山、九华山实证分析［J］．地理科学，1997（01）：64－70.

［185］卢世菊，江婕，余阳．民族地区旅游扶贫中贫困人口的相对剥夺感及其疏导研究——基于恩施州5个贫困村的调查［J］．学习与实践，2018（01）：111－118.

［186］卢世菊．恩施州实施旅游扶贫开发的可行性与对策思考［J］．湖北社会科学，2001（9）：56－57.

［187］吕跃进．指数标度判断矩阵的一致性检验方法［J］．统计与决策，2006（18）：31－32.

［188］马乃孚．湖北旅游气候资源的开发途径及其气象景观［J］．气象，1993（09）：45－48.

［189］马世骏，王如松．社会—经济—自然复合生态系统［J］．生态学报，1984（01）：1－9.

［190］马学成．陇中黄土丘陵沟壑区县域社会生态系统恢复力时空变化及其影响因素［D］．兰州：兰州大学，2019.

［191］梅芊．湖北省旅游产业发展研究［D］．武汉：湖北省社会科学院，2019.

［192］莫潇杭．杭州城市边缘区乡村旅游地农户生计韧性测度及影响因素研究［D］．杭州：浙江工商大学，2020.

［193］年四锋，张捷，张宏磊，等．基于危机响应的旅游地社区参与研究——以汶川地震后大九寨环线区域为例［J］．地理科学进展，2019，38（08）：1227－1239.

［194］彭国甫，李树丞，盛明科．应用层次分析法确定政府绩效评估指标权重研究［J］．中国软科学，2004（06）：136－139.

［195］钱大文，巩杰，高彦净．近35年黑河中游临泽县荒漠化时空分异及景观格局变化［J］．干旱区资源与环境，2015，29（04）：85－90.

［196］钱家乘，张佰林，刘虹吾，等．东部旅游特色山区乡村发展分化

及其驱动力——以浙江省平阳县为例 [J]. 地理科学进展, 2020, 39 (09)：1460 - 1472.

[197] 乔家君, 朱乾坤, 辛向阳. 黄河流域农区贫困特征及其影响因素 [J]. 资源科学, 2020, 42 (01)：184 - 196.

[198] 乔家君. 改进的熵值法在河南省可持续发展能力评估中的应用 [J]. 资源科学, 2004, 26 (1)：113 - 119.

[199] 秦会艳, 关赢, 黄颖利. 黑龙江省国有林区贫困—生态系统恢复力测度与影响机制 [J]. 生态与农村环境学报, 2018, 34 (9)：821 - 829.

[200] 任全球, 刘昌才, 何君缘. 可持续发展理念下的恩施州城乡社区自我管理机制创新研究 [J]. 广西质量监督导报, 2019 (01)：73 - 74.

[201] 尚志敏, 张绍良, 侯湖平, 等. 关闭矿山社会生态系统恢复力评价研究：以徐州市大黄山矿区为例 [J]. 中国矿业, 2019, 28 (03)：58 - 65.

[202] 邵子恒, 沈映春. 新冠肺炎疫情背景下湖北恩施旅游业可持续发展研究——基于 SCP 范式 [J]. 当代经济, 2020 (10)：75 - 80.

[203] 沈苏彦. 基于旅游社会—生态系统弹性测算的旅游开发研究——以苏州为例 [J]. 生态经济, 2014, 30 (05)：141 - 145.

[204] 石育中, 王俊, 王子侨, 等. 农户尺度的黄土高原乡村干旱脆弱性及适应机理 [J]. 地理科学进展, 2017, 36 (10)：1281 - 1293.

[205] 史玉丁, 李建军, 刘红梅. 提升旅游生计资本的生态补偿机制 [J]. 西北农林科技大学学报 (社会科学版), 2019, 19 (05)：98 - 106.

[206] 宋爽, 王帅, 傅伯杰, 等. 社会—生态系统适应性治理研究进展与展望 [J]. 地理学报, 2019, 74 (11)：2401 - 2410.

[207] 苏芳, 徐中民, 尚海洋. 可持续生计分析研究综述 [J]. 地球科学进展, 2009, 24 (01)：61 - 69.

[208] 苏美蓉, 杨志峰, 王红瑞, 等. 一种城市生态系统健康评价方法及其应用 [J]. 环境科学学报, 2006 (12)：2072 - 2079.

[209] 孙晶, 王俊, 杨新军. 社会—生态系统恢复力研究综述 [J]. 生态学报, 2007 (12)：5371 - 5381.

[210] 孙阳, 姚士谋. 基于社会生态系统视角的长三角地区地级城市韧性度评价 [A]. 2019 城市发展与规划论文集.

［211］谭跃进，邓宏钟．复杂适应系统理论及其应用研究［J］．系统工程，2001，19（5）：1-6．

［212］唐承财，万紫微，孙孟瑶，等．深度贫困村旅游精准扶贫模式构建［J］．干旱区资源与环境，2020，34（01）：202-208．

［213］万紫昕，贺小荣．基于生态脆弱性评价的"大湘南"地区可持续旅游发展研究［J］．中南林业科技大学学报（社会科学版），2017，11（06）：85-91．

［214］万紫昕．气候变化背景下旅游目的地居民的可持续生计研究［D］．长沙：湖南师范大学，2018．

［215］汪德根，王金莲，陈田，等．乡村居民旅游支持度影响模型及机理——基于不同生命周期阶段的苏州乡村旅游地比较［J］．地理学报，2011，66（10）：1413-1426．

［216］汪兴玉，王俊，白红英，等．基于农户尺度的社会—生态系统对干旱的恢复力研究——以甘肃省榆中县为例［J］．水土保持通报，2008（01）：14-18．

［217］王安琦，韩磊，乔花芳，等．贫困山区不同生命周期旅游扶贫村居民绩效感知的比较研究——以恩施州旅游扶贫村为例［J］．山地学报，2020，38（02）：265-275．

［218］王超，罗兰．贵州少数民族地区特色旅游产业精准扶贫路径研究［J］．贵州师范大学学报（自然科学版），2018，36（01）：8-18．

［219］王晨．陕北黄土高原农户生计恢复力评价及影响因素研究［D］．西安：西北大学，2019．

［220］王富喜，毛爱华，李赫龙，等．基于熵值法的山东省城镇化质量测度及空间差异分析［J］．地理科学，2013，33（11）：1323-1329．

［221］王靓，罗雯婷，李亚娟．民族地区旅游城镇化水平评价体系构建研究——以恩施土家族苗族自治州为例［J］．华中师范大学学报（自然科学版），2021，55（01）：137-146．

［222］王金伟，谢伶，张赛茵．自然灾难地黑色旅游发展：居民感知与社区参与——以北川羌族自治县吉娜羌寨为例［J］．旅游学刊，2020，35（11）：101-114．

［223］王劲峰，徐成东．地理探测器：原理与展望［J］．地理学报，

2017, 72 (01): 116 – 134.

[224] 王俊, 孙晶, 杨新军, 等. 基于 NDVI 的社会—生态系统多尺度干扰分析——以甘肃省榆中县为例 [J]. 生态学报, 2009, 29 (03): 1622 – 1628.

[225] 王俊, 杨新军, 刘文兆. 半干旱区社会—生态系统干旱恢复力的定量化研究 [J]. 地理科学进展, 2010, 29 (11): 1385 – 1390.

[226] 王俊, 张向龙, 杨新军, 等. 半干旱区社会—生态系统未来情景分析——以甘肃省榆中县北部山区为例 [J]. 生态学杂志, 2009, 28 (06): 1143 – 1148.

[227] 王琦妍. 社会—生态系统概念性框架研究综述 [J]. 中国人口·资源与环境, 2011, 21 (S1): 440 – 443.

[228] 王千, 王成, 冯振元, 等. K – means 聚类算法研究综述 [J]. 电子设计工程, 2012, 20 (07): 21 – 24.

[229] 王群. 旅游地社会—生态系统恢复力研究 [D]. 芜湖: 安徽师范大学, 2015.

[230] 王群, 陆林, 杨兴柱. 千岛湖社会—生态系统恢复力测度与影响机理 [J]. 地理学报, 2015, 70 (05): 779 – 795.

[231] 王微, 林剑艺, 崔胜辉, 等. 碳足迹分析方法研究综述 [J]. 环境科学与技术, 2010, 33 (07): 71 – 78.

[232] 王维. 长江经济带城乡协调发展评价及其时空格局 [J]. 经济地理, 2017, 37 (08): 60 – 66, 92.

[233] 王永静, 胡露月. 乡村旅游视角下农户生计资本对生计策略影响研究——基于重庆乡村旅游地农户调查数据 [J]. 生态经济, 2020, 36 (03): 143 – 148, 196.

[234] 危道军, 李超. 恩施彭家寨古建筑群保护性开发的点滴思考 [J]. 中华建设, 2018 (08): 57 – 59.

[235] 魏娜. 我国城市社区治理模式: 发展演变与制度创新 [J]. 中国人民大学学报, 2003 (01): 135 – 140.

[236] 魏屹. 统筹城乡发展背景下恩施州全面建设小康社会进程监测研究 [D]. 武汉: 中南民族大学, 2014.

[237] 温腾飞, 石育中, 杨新军, 等. 黄土高原半干旱区农户生计恢复

力及其影响因素研究——以榆中县为例 [J]. 中国农业资源与区划, 2018, 39 (05): 172 – 182.

[238] 温晓金, 刘焱序, 杨新军. 恢复力视角下生态型城市植被恢复空间分异及其影响因素——以陕南商洛市为例 [J]. 生态学报, 2015, 35 (13): 4377 – 4389.

[239] 温馨, 陈佳, 邓梦麒, 等. 乡村旅游开发下农户生计适应变化与影响机理研究——以延安市乡村旅游为例 [J]. 中国农业资源与区划, 2020, 41 (04): 250 – 259.

[240] 邬建国. 景观生态学——格局、过程、尺度与等级 [M]. 北京: 高等教育出版社, 2001 (01): 106 – 120.

[241] 吴孔森, 杨晴青, 叶文丽, 等. 黄土高原农户生计恢复力及其生计建设路径——以陕北佳县为例 [J]. 干旱区资源与环境, 2021, 35 (04): 24 – 30.

[242] 吴文菁, 陈佳颖, 叶润宇, 等. 台风灾害下海岸带城市社会—生态系统脆弱性评估——大数据视角 [J]. 生态学报, 2019, 39 (19): 7079 – 7086.

[243] 吴燕, 王效科, 逯非. 北京市居民食物消费碳足迹 [J]. 生态学报, 2112, 32 (5): 1570 – 1577.

[244] 武红, 谷树忠, 关兴良. 中国化石能源消费碳排放与经济增长关系研究 [J]. 自然资源学报, 2013, 28 (3): 381 – 390.

[245] 夏伟. 乡村振兴战略背景下利川市主坝村乡村旅游发展研究 [D]. 桂林: 广西师范大学, 2018.

[246] 向延平. 武陵山区旅游扶贫生态绩效模糊分析——以湘鄂渝黔 6 个市州为例 [J]. 湖南农业科学, 2012 (13): 131 – 133.

[247] 谢巧燕. 社区参与对旅游地社区居民感知恢复力的影响机制分析 [J]. 旅游纵览, 2020 (22): 51 – 54, 67.

[248] 谢双玉, 李琳, 冯娟, 等. 贫困与非贫困户旅游扶贫政策绩效感知差异研究——以恩施为例 [J]. 旅游学刊, 2020, 35 (02): 80 – 92.

[249] 熊思鸿, 阎建忠, 吴雅. 农户生计对气候变化的恢复力研究综述 [J]. 地理研究, 2020, 39 (08): 1934 – 1946.

[250] 徐光涛. 壮阔改革潮, 教育谱华章 [DB/OL]. http://jyj.enshi.

gov. cn/yzlm/jsjnesz/201812/t20181218_309645. html.

[251] 徐雨, 余阳. 民族地区贫困人口旅游扶贫中的文化权益调查研究——以湖北省恩施州为例 [J]. 旅游纵览（下半月），2019（16）：165 - 166.

[252] 杨峰. 旅游扶贫背景下乡村旅游开发模式的研究 [J]. 体育世界（学术版），2020（03）：33 - 34.

[253] 杨涛, 陈海, 刘迪, 等. 黄土丘陵沟壑区乡村社区恢复力时空演变及影响因素研究——以陕西省米脂县高渠乡为例 [J]. 地理科学进展，2021，40（02）：245 - 256.

[254] 杨小慧, 王俊, 刘康, 等. 半干旱区农户对干旱恢复力的定量分析——以甘肃省榆中县为例 [J]. 干旱区资源与环境，2010，24（04）：101 - 106.

[255] 杨晓莉. 恩施土家族苗族自治州非物质文化遗产旅游资源评价研究 [D]. 沈阳：辽宁大学，2016.

[256] 杨新军, 石育中, 王子侨. 道路建设对秦岭山区社会—生态系统的影响——一个社区恢复力的视角 [J]. 地理学报，2015，70（08）：1313 - 1326.

[257] 杨宜勇, 吴香雪. 中国扶贫问题的过去、现在和未来 [J]. 中国人口科学，2016（05）：2 - 12.

[258] 杨莹, 林琳, 钟志平, 等. 基于应对公共健康危害的广州社区恢复力评价及空间分异 [J]. 地理学报，2019，74（02）：266 - 284.

[259] 杨紫娟. 利川民歌跨文化传播路径研究 [D]. 恩施：湖北民族大学，2019.

[260] 银马华, 王群, 杨万明, 顾寒月. 旅游地社会—生态系统子系统脆弱性比较分析——以大别山区9县（市）为例 [J]. 南京师范大学学报（工程技术版），2020，20（04）：75 - 82.

[261] 尹航. 恩施州旅游扶贫绩效评价及其影响因素研究 [D]. 武汉：华中师范大学，2019.

[262] 余阳. 民族村寨旅游扶贫中村民空间正义感知研究 [D]. 武汉：中南民族大学，2019.

[263] 于翠松. 山西省水资源系统恢复力定量评价研究 [J]. 水利学

报，2007（S1）：495－499.

［264］喻红，曾辉，江子瀛．快速城市化地区景观组分在地形梯度上的分布特征研究［J］．地理科学，2001（01）：64－69.

［265］喻忠磊，杨新军，石育中．关中地区城市干旱脆弱性评价［J］．资源科学，2012，34（03）：581－588.

［266］喻忠磊，杨新军，杨涛．乡村农户适应旅游发展的模式及影响机制——以秦岭金丝峡景区为例［J］．地理学报，2013，68（08）：1143－1156.

［267］约翰·H．霍兰．隐秩序：适应性造就复杂性［M］．上海：上海科技教育出版社，2000.

［268］曾艾依然．过度旅游压力下的旅游社区韧性研究［D］．北京：北京林业大学，2020.

［269］战金艳，闫海明，邓祥征，等．森林生态系统恢复力评价——以江西省莲花县为例［J］．自然资源学报，2012，27（08）：1304－1315.

［270］张爱平．农业文化遗产旅游地不同类型农户的农地利用行为演变分异——以哈尼梯田为例［J］．旅游学刊，2020，35（04）：51－63.

［271］张大成．城市旅游环境系统恢复力演变及其动力机制研究［D］．兰州：兰州理工大学，2020.

［272］张行，梁小英，刘迪，等．生态脆弱区社会—生态景观恢复力时空演变及情景模拟［J］．地理学报，2019，74（07）：1450－1466.

［273］张金茜，李红瑛，曹二佳，等．多尺度流域生态脆弱性评价及其空间关联性——以甘肃白龙江流域为例［J］．应用生态学报，2018，29（09）：2897－2906.

［274］张立明，赵黎明．旅游目的地系统及空间演变模式研究——以长江三峡旅游目的地为例［J］．西南交通大学学报（社会科学版），2005（01）：78－83.

［275］张士伦，常胜．交通条件对山区旅游业发展的影响——以湖北省恩施州为例［J］．安徽农业科学，2008（10）：4291－4292，4303.

［276］张舒瑾，余珮珩，白少云，等．面向国土空间规划的流域景观时空分异特征及驱动因子研究［J］．生态经济，2020，36（10）：219－227.

［277］张新予．恩施州枫香坡农业旅游开发模式研究［D］．武汉：中南

民族大学，2013.

[278] 张衍毓，唐林楠，刘玉．京津冀地区乡村功能分区及振兴途径[J]．经济地理，2020，40（03）：160-167.

[279] 张越．旅游引致的乡村社区变迁[D]．青岛：青岛大学，2020.

[280] 张芸香，郭晋平．森林景观斑块密度及边缘密度动态研究——以关帝山林区为例[J]．生态学杂志，2001（01）：18-21.

[281] 张竹昕．精准扶贫背景下山区贫困县产业空间特征及其规划对策研究[D]．重庆：重庆大学，2019.

[282] 赵临龙．基于中西部南北旅游大通道的"盐道文化"廊道的旅游发展[J]．社会科学家，2019（03）：97-105.

[283] 赵荣钦，黄贤金，钟太洋．中国不同产业空间的碳排放强度与碳足迹分析[J]．地理学报，2010，65（09）：1048-1057.

[284] 赵雪雁，刘江华，王伟军，等．贫困山区脱贫农户的生计可持续性及生计干预——以陇南山区为例[J]．地理科学进展，2020，39（06）：982-995.

[285] 赵雪雁，母方方，何小风，等．多重压力下重点生态功能区农户生计脆弱性——以甘南黄河水源补给区为例[J]．生态学报，2020，40（20）：7479-7492.

[286] 赵勇为．气候变化背景下的旅游社区恢复力研究[D]．长沙：湖南师范大学，2018.

[287] 郑群明，钟林生．参与式乡村旅游开发模式探讨[J]．旅游学刊，2004（04）：33-37.

[288] 郑伟．新疆喀纳斯旅游区草地植物多样性对人类干扰的响应机制研究[D]．乌鲁木齐：新疆农业大学，2009.

[289] 周成，冯学钢．基于"推—拉"理论的旅游业季节性影响因素研究[J]．经济问题探索，2015（10）：33-40.

[290] 周婷．台风灾害影响下的海岛旅游社区恢复力研究[J]．农村科学实验，2017（05）：49-51.

[291] 周晓梅．基于昂普理论的研学旅行产品开发与设计研究——以湖北省为例[J]．武汉职业技术学院学报，2020，19（02）：19-22.

[292] 周小平，李晓燕，柴铎．耕地保护补偿区域间分配的指标体系构

建与实证——以福州市为例［J］.经济地理，2016，36（05）：152-158.

［293］周扬，郭远智，刘彦随.中国县域贫困综合测度及2020年后减贫瞄准［J］.地理学报，2018，73（08）：1478-1493.

［294］邹君，刘媛，谭芳慧，等.传统村落景观脆弱性及其定量评价——以湖南省新田县为例［J］.地理科学，2018，38（08）：1292-1300.

［295］邹统钎.中国乡村旅游发展模式研究——成都农家乐与北京民俗村的比较与对策分析［J］.旅游学刊，2005（03）：63-68.

［296］左冰，保继刚.从"社区参与"走向"社区增权"——西方"旅游增权"理论研究述评［J］.旅游学刊，2008（04）：58-63.

后　记

　　二零一四年十一月，岁暮天寒，跟随导师课题组，我第一次走进恩施州的山间田野。"把文章写在大地上"是导师反复强调的一句话，话很简洁，但做起这份工作才发觉它何等不易。转眼八年过去，还算顺利地完成了博士学业，并找到了一份乐意为之努力的工作。忙碌的工作中，时常会想起在恩施州调研的经历，想起那段拥抱大地的时光。于是，便着手对博士论文进行完善、出版，希望能与更多的朋友，分享恩施的"故事"。

　　本书的完成，首先要感谢我的导师胡静老师。七年间，胡老师待我如同女儿一般，在学术上给予启蒙、指引与鞭策，生活上给以关心、照顾与爱护。在胡老师的鼓励下，我勇敢地迈出脚步，将自己的学术热情深寄于乡村地区。胡老师十分注重学生思维方式与学习能力的培养，她认真、严谨、精益求精的工作态度与乐观、知足、与人为善的生活态度，也时刻影响着我。

　　感谢华中师范大学城市与环境科学学院的诸位老师！与各位老师或相识于课堂，或相熟于课题交流，从他们身上我领略到了不一样的学者风范。感谢武汉分院的各位老师，谢双玉老师对待工作严谨认真，2017 年暑期，我跟随谢老师前往恩施调研，半个月的相处，结下了深厚情谊，感谢谢老师一直以来对我的关注、指导；感谢冯娟、龚箭、李亚娟、王晓芳、程绍文、乔花芳、张祥等老师在硕博士学习期间给予的关心与帮助。

　　感谢山西财经大学文化旅游与新闻艺术学院的弓志刚院长、王振峰书记、高楠副院长、马慧强副院长和张黎敏老师一直以来的支持和鼓励，感谢文化产业管理教研室的各位同事，愉快而温馨的工作环境，使我更快地融入其中，与大家的交流也使我获益颇多。

　　感谢我的好朋友刘梁艳和王楚，相识逾十载，投缘的我们从未走散，谢谢你们在我焦虑与迷茫时给予的宽慰与鼓励，谢谢你们与我分享快乐与惊喜，友谊永固。

感谢在恩施调研中访谈或未访谈到的人们，你们的真挚、友好，给了我极大的勇气和鼓励，初春冷风里的热茶、酷暑高温下的黄桃和西瓜，真的会让我感动很久很久。

感谢中国财政经济出版社的领导和责任编辑，他们对本书中的内容与体例进行了数次核实、校对，并提出了中肯的意见，使本书得以更加完善。

感谢我的家人，尤其是我的妈妈，她始终激励着我，不畏艰难，满怀希望。小时候在姥爷、姥姥家长大，虽然他们已去往另一个世界，但爱的讯息永不失联，谢谢你们给我的无私的爱与呵护！感谢舅舅和少卓小妹，你们的关爱在一顿顿丰盛的大餐和一通通关切的电话中，一直以来的信任与支持给了我坚实的力量。

最后，感谢时间吧！它见证成长，磨炼意志，给人期许，镌刻美好。

贾垚焱

2022 年 11 月 1 日于山西太原